コンピュータ科学序説

―コンピュータは魔法の箱ではありません
　　　―そのからくり教えます―

博士(学術)　米村　俊一
工学博士　徳永　幸生　共著

コロナ社

まえがき

　本書は，現代社会を支えわれわれの生活に大きなインパクトを与えてくれるコンピュータについて，事前知識のない人にも理解できるように書いた初学者向けの入門書です。

　コンピュータの出現によって，われわれの生活レベルはコンピュータ以前とは次元が違うほどに大きく変貌（へんぼう）しました。パーソナルコンピュータはもとより，スマートフォンやゲーム機，インターネットやSNS，ロボットや自動運転車など，われわれが身近に使っている機器やサービスの根幹部分においてコンピュータが使われています。もはや，コンピュータは現代の神器であるといっても過言ではなく，あらゆる産業分野の基盤であり，われわれにとっては不可欠な存在です。

　では，われわれの生活を支える不可欠な存在であるコンピュータとは，一体どのようなものなのでしょうか？　どのような仕組みで動いているのでしょうか？　なぜあのように高度な情報処理ができるのでしょうか？　コンピュータの将来はどうなっていくのでしょうか？

　もちろん，コンピュータは魔法の箱などではありません。人間がつくり上げた機械です。一言でいえば，現代のコンピュータとはon/offの機能をもつスイッチの塊です。しかし，そのスイッチの使い方に関して，多くの先人達の英知が詰まっています。数学や論理学，工学から心理学に至るまで，多くの学問分野の知見がぎっしりと詰まっているのがコンピュータなのです。

　本書では，コンピュータに少しでも興味をもつ読者に，コンピュータが生まれた背景，コンピュータの原理や基本動作，ソフトウェアやネットワークの仕組みなど，コンピュータに関する基本知識を網羅的に学んでもらうことを目的としています。本書を通じてコンピュータに関する最低限の基礎を学び，さら

にその先にあるさまざまな専門書を理解していただきたいと思っています。

　コンピュータを構成する基本的な要素は，大別すればハードウェアとソフトウェアですが，もう少し詳しく見れば，例えば Windows とか Macintosh とか呼んでいるオペレーティングシステム，ネットワークに接続するための通信制御，機器の操作性を決めるインタラクションなど，多岐にわたります。これらの要素は，それぞれが単独で存在するわけではなく，相互に関わりながら高度で多彩な機能が実現されています。

　本書では，これら各分野の基本技術について，相互の有機的な関連をもたせながら学んでもらうため，コンピュータが開発され，発展してきた歴史的な経緯を基軸とし，この歴史的流れに沿ってコンピュータの基本概念を学んでもらうことを狙っています。

　本書は，コンピュータとはどのような機械なのか（1章），ハードウェアはどのような構造なのか（2章），機械に計算させるための原理（3章），コンピュータの中で情報はどのような形で表現されているのか（4章），プログラムとはどのようにしてつくるのか（5章），オペレーティングシステムとはなにか（6章），コンピュータはどうやって通信するのか（7章），使いやすいコンピュータとはなにか（8章），という構成となっています。前半の1章〜4章を米村が，後半の5章〜8章を徳永が担当しました。

　是非，本書を最後まで読み通していただき，コンピュータという現代における強力な道具を十分に使いこなす契機としていただきたいと思います。

2019年2月

著　　者

本文中に記載の登録商標・商標，および会社名，製品名は一般に会社の登録商標または商標です。「©」，「™」，「®」は明記しておりません。

目　　　次

1.　コンピュータとは

1.1　コンピュータの社会的意義 …………………………………………… *1*
　　1.1.1　情報技術は感動を生み出す ……………………………… *2*
　　1.1.2　情報技術は新しい産業創出の源である ………………… *4*
　　1.1.3　情報技術はコミュニケーション革命をもたらす ……… *5*
1.2　コンピュータのルーツ ―手動式計算機械から現代型コンピュータへ―
　　……………………………………………………………………………… *7*
　　1.2.1　手動式計算機械の時代 …………………………………… *7*
　　1.2.2　現代型コンピュータへ …………………………………… *9*
1.3　現代型コンピュータは2進数で動く ………………………………… *11*
1.4　スーパーコンピュータと人工知能 …………………………………… *12*
　　1.4.1　高速計算へのかぎりない需要とスーパーコンピュータ ……… *12*
　　1.4.2　『人工知能』が支配する近未来 ―2045年問題（シンギュラリティ）―
　　　　　…………………………………………………………………… *13*
　　1.4.3　情報工学の役割 …………………………………………… *13*
1章の参考文献 ……………………………………………………………… *15*

2.　コンピュータのハードウェア構成

2.1　計算する機械の概念 …………………………………………………… *16*
　　2.1.1　チューリングマシン ……………………………………… *16*
　　2.1.2　状態遷移図 ………………………………………………… *17*

- 2.2 世界初のコンピュータ ENIAC（エニアック）............ 21
- 2.3 ノイマン型コンピュータ 24
- 2.4 ハードウェアとソフトウェアとの分離 28
- 2.5 コンピュータアーキテクチャ 32
  - 2.5.1 コンピュータアーキテクチャとは 32
  - 2.5.2 システムアーキテクチャ 33
  - 2.5.3 コンピュータアーキテクチャの目標 34
  - 2.5.4 ハードウェアとソフトウェアのトレードオフ 34
- 2.6 高性能コンピュータ 35
  - 2.6.1 高性能コンピュータへの期待 35
  - 2.6.2 スーパーコンピュータ 35
  - 2.6.3 次世代コンピュータ 37
- 2章の参考文献 38

3. 計算する機械の原理 ―論理代数と論理演算―

- 3.1 記号論理学とは 38
  - 3.1.1 論理学とその記号化 38
  - 3.1.2 論理演算と真理値表 39
- 3.2 命題論理 42
- 3.3 ブール代数（論理代数）............ 44
  - 3.3.1 論理変数 44
  - 3.3.2 ブール代数の公式 45
  - 3.3.3 ブール代数を用いた推論のプロセス 46
- 3.4 論理演算を実現する論理回路 47
  - 3.4.1 NOT演算回路 48
  - 3.4.2 AND演算回路 51
  - 3.4.3 OR演算回路 53

| 3.4.4 論理回路と回路記号 ································· 55
3.5 組 合 せ 回 路 ··· 57
| 3.5.1 半 加 算 器 ··································· 57
| 3.5.2 全 加 算 器 ··································· 58
3章の参考文献 ··· 60

4. 情 報 の 表 現

4.1 コンピュータ内での数値表現 ································· 61
| 4.1.1 10進数と2進数/8進数/16進数 ··················· 62
| 4.1.2 基数変換 ─10進数と2進数/8進数/16進数─ ······· 65
4.2 補数表現と浮動小数点表示 ··································· 71
| 4.2.1 補 数 表 現 ··································· 71
| 4.2.2 補数を用いた減算 ······························· 73
| 4.2.3 2進数の補数の計算方法 ························· 75
| 4.2.4 浮動小数点表示 ································· 77
4.3 文字と記号の表現 ··· 80
4.4 情 報 量 と は ··· 81
| 4.4.1 情報量とビットの概念 ··························· 82
| 4.4.2 情報のエントロピー ····························· 83
4.5 アナログからディジタルへ ─アナログ/ディジタル変換─ ······· 84
4.6 ディジタルデータの符号化と圧縮 ····························· 88
4章の参考文献 ··· 89

5. コンピュータのソフトウェア構成
   ─プログラミング言語およびアルゴリズムとデータ構造─

5.1 プログラミング言語 ··· 90

    5.1.1 言語の特性……………………………………………… 90
    5.1.2 モデル駆動開発…………………………………………… 92
    5.1.3 プログラミング言語の発展……………………………… 93
    5.1.4 プログラミング言語のモデル…………………………… 95
    5.1.5 プログラミング言語に関わるいくつかの補足………… 98
  5.2 アルゴリズム＋データ構造＝プログラミング………………… 99
  5.3 アルゴリズム……………………………………………………… 99
    5.3.1 アルゴリズムの設計指針 ―構造化プログラミング―…… 100
    5.3.2 アルゴリズムの表現手段 ―構造化チャート―
         ……………………………………………………………… 101
    5.3.3 アルゴリズムの評価尺度 ―計算量理論―……………… 102
  5.4 データ構造………………………………………………………… 104
    5.4.1 データ構造の体系………………………………………… 104
    5.4.2 データ構造を規定する四つの基準……………………… 105
    5.4.3 いろいろなデータ構造の例……………………………… 106
  5章の参考文献……………………………………………………… 108

6. オペレーティングシステム

6.1 オペレーティングシステムの定義…………………………… 109
6.2 オペレーティングシステムの役割…………………………… 110
6.3 オペレーティングシステムの誕生と意義…………………… 113
6.4 さまざまなオペレーティングシステム……………………… 116
6.5 オペレーティングシステムに関わるいくつかの補足……… 119
6章の参考文献……………………………………………………… 121

7. コンピュータネットワーク

- 7.1 通信ネットワークの発展 ……………………………………… *122*
  - 7.1.1 電話網 ―アナログ通信網からディジタル通信網へ― ……… *123*
  - 7.1.2 移動通信ネットワーク ―ケータイそしてスマートフォンへの道―
    ……………………………………………………………… *124*
  - 7.1.3 コンピュータネットワークの台頭 ……………………… *126*
- 7.2 コンピュータネットワーク …………………………………… *128*
  - 7.2.1 　　　LAN ………………………………………………… *128*
  - 7.2.2 無　線　LAN …………………………………………… *130*
  - 7.2.3 パケット通信 …………………………………………… *131*
- 7.3 インターネット ………………………………………………… *132*
  - 7.3.1 インターネットの誕生 …………………………………… *132*
  - 7.3.2 通信プロトコル ………………………………………… *133*
  - 7.3.3 IP アドレスと DNS ……………………………………… *135*
  - 7.3.4 インターネットの基本的な仕組み ……………………… *136*
- 7.4 コンピュータネットワークに関わるいくつかの補足 ………… *143*
- 7 章の参考文献 ………………………………………………………… *146*

8. メディアとヒューマンインタフェース

- 8.1 メディア処理 ―ディジタルメディアの基本構造とその処理方法― … *148*
  - 8.1.1 情報の圧縮/符号化 ……………………………………… *148*
  - 8.1.2 情報の生成・合成 ……………………………………… *152*
  - 8.1.3 情報の認識・検索 ……………………………………… *155*
- 8.2 マルチメディアインタフェース ―もっと便利に，もっと楽しいメディア―
  ……………………………………………………………………… *157*

8.2.1　仮想現実感（VR）………………………………………… *159*
　　　8.2.2　拡張現実感（AR）………………………………………… *161*
　　　8.2.3　ウェアラブルコンピュータ（WC）……………………… *164*
8.3　人間中心設計 ―使いやすいコンピュータシステムを設計する世界標準―
　　……………………………………………………………………………… *166*
　　　8.3.1　人間工学，ヒューマンインタフェース（HI），ヒューマンコン
　　　　　　ピュータインタラクション（HCI）……………………… *167*
　　　8.3.2　二重インタフェースモデル ……………………………… *169*
　　　8.3.3　ユニバーサルデザイン（UD）…………………………… *172*
8.4　人工知能と 2045 年問題（シンギュラリティ）―人工知能が抱える問題―
　　……………………………………………………………………………… *174*
　　8 章の参考文献 ………………………………………………………… *177*

索　　引………………………………………………………………………… *178*

1 コンピュータとは

この章では，コンピュータとはどのような機械なのか，コンピュータの社会的な意義，コンピュータ開発の歴史，現代型コンピュータの特徴，スーパーコンピュータと人工知能について概説します。

1章のキーワード：
コンピュータ，情報工学，バベッジの階差機関，チューリングマシン，ENIAC，ノイマン型コンピュータ，ブール代数，2進数，スーパーコンピュータ，人工知能，シンギュラリティ

1.1 コンピュータの社会的意義

現代社会において，**コンピュータ**はわれわれの生活の中に深く浸透し，幅広く使われています。われわれが日々使っている時計や電話機，電子レンジや洗濯機，自動車や航空機など，コンピュータが使われていない電子機器はないといっても過言ではなく，もはやコンピュータがなければ日々の生活は成り立たないでしょう。

コンピュータを駆使してさまざまな価値を生み出す**情報技術**（information technology，**IT**）は，現代社会を支える重要な社会基盤となっています。さまざまな情報技術が発展する中で，その原動力となってきたのが**コンピュータ科学**（computer science）と**情報工学**（information engineering）です。

コンピュータ科学と情報工学という言葉が，たがいに明確に区別して使われることは多くありませんが，実は科学（science）と工学（engineering）ではその目的が異なるのです。科学の目的は，その研究対象である自然現象や社会

現象を生じさせている基本原理や基本構造を明らかにするという，「真理の探究」です．一方，工学の目的は人間を幸福に導くことにあり，人間が抱える課題を解決するために有用な事物や環境を構築することを目指します．

したがって，人類の幸福という目的を達成するために科学で得られた成果を用い，「役に立つ」事物や環境を生み出すのが工学です．つまり科学においては，得られた結果がすぐに人間の役に立つかどうかは問わず，真理が探究できていれば目的を達成したことになります．一方，工学では，得られた結果が人間の役に立たなければ，その目的を達成したことにはなりません．

現代社会に生きるわれわれが日々恩恵を享受している情報技術は，コンピュータ科学と情報工学が車の両輪のように関わる中で生まれたものであり，現在もなおそのような関係を維持しながら発展をつづけています．

つまり

「情報技術(IT)」=「コンピュータ科学(CS)」+「情報工学(IE)」

ということです．

情報技術は「情報」を生成/伝達/蓄積/変換するための方法論であり，例えば，空想の世界をリアルに具現化するようなコンピュータグラフィックス，大量のメッセージを速く間違いなく遠隔地に届けるようなディジタル通信技術，クレジットカード情報や銀行預金など重要なデータを安全に保管するデータベース技術，人間が話す言葉を聞き取って質問に答える対話技術や人工知能技術など，われわれに感動を与えたり，新しい産業を創出したり，またコミュニケーションに革命をもたらすなど，われわれの生活を支える必要不可欠な技術なのです．

1.1.1 情報技術は感動を生み出す

映画や音楽，小説など，人に感動を与えるモノやコトはさまざまありますが，情報技術はその感動を生み出す場面で大きな力となっています．例えば，世界的にヒットした映画「タイタニック」（1997年に公開）は映画が制作された当時，先端VFX（visual effects）技術の博覧会といわれたほどでした．この

映画では，タイタニック号の沈没シーンにおいて船首が大きく傾いて乗客が落下していく様子を**コンピュータグラフィックス**（computer graphics，**CG**）技術で生成していますが，このシーンがスタントマンによる映像なのか CG で生成した映像なのか一見しただけでは区別がつかないほどの映像クォリティでした。コンピュータの性能が大きく向上した 1990 年代，映画を制作する過程で CG 技術が用いられ始め，いまでは驚きと感動を与える映画制作に CG はもはや不可欠な技術となりました。

一方，音楽の世界でもコンピュータ技術は欠かせない存在となっています。特にパーソナルコンピュータ（略してパソコン，あるいは PC と呼ぶこともある）が広く普及した 1990 年代になると，DTM（desk top music）というコンピュータを用いる音楽環境が出現しました。DTM では，パソコンに音源モジュール（さまざまな楽器の音を収録したデータユニット）とミュージックシーケンスソフト（音符などの音楽データを生成・蓄積・加工できるソフトウェア）を装備すれば，机上で楽曲を制作することが可能です。パソコンの画面で音符を入力して楽譜を作成し，楽譜の各パートにパソコン上で音源を割り当てることで，制作した曲をすぐに試聴することが可能です。DTM での作曲はパソコン上で曲データをつくることに他ならないため，楽器の構成を変更することも容易です。例えば，作曲した楽曲のギターパートを，エレキギターからアコースティックギターに変更すれば，それぞれ違った楽器構成による曲をパソコン上で簡単に制作することができ，その場で曲を聴き比べることも容易となります。現在ではプロのミュージシャンの多くが DTM を使用する時代となりました。

その他にも，さまざまなコンピュータがわれわれの日常生活に潤いを与えています。近年，将棋や囲碁などはコンピュータ技術の進歩，とりわけ人工知能の進歩に伴って人間を超えるまでに進化しました。チェスの世界では，1997 年に IBM のコンピュータ，ディープブルー（Deep Blue）がチェスの世界チャンピオンであるガルリ・カスパロフを破り世の中に衝撃を与えました。チェスよりも複雑で人間を超える機械は現れないといわれていた将棋においても，コ

ンピュータ将棋ポナンザがプロ棋士の佐藤天彦名人を破りました（2013年）。さらに，将棋よりも圧倒的に複雑である囲碁においても，コンピュータ囲碁アルファ碁が囲碁の世界チャンピオン，李世乭（イ・セドル）を2017年に破りました。もはや，ボードゲームにおいては，人間はコンピュータには勝てないまでにコンピュータ技術が進展しました。

テクスチャマッピングという技術を用いて建築物などに映像を映し出すイベント，コンピュータ制御の舞台照明や音楽の演出，花火大会での花火の着火のタイミング調整にもコンピュータ制御が使われています。

このようにコンピュータは，われわれが日々の生活を楽しく感動的に過ごす上で欠かせないさまざまな恩恵を与えてくれる存在となっています。

1.1.2　情報技術は新しい産業創出の源である

1900年代初頭から情報技術をリードしてきたアメリカでは，情報技術を武器として成長するベンチャー企業が生まれましたが，その中から，いまや世界経済を牽引するほどの巨大企業にまで大きく発展した企業が複数存在します。例えば，マイクロソフト，アップル，グーグル，アマゾン，フェイスブックなど，その名を知らない人はほとんどいないでしょう。情報技術を武器とするいわゆるIT企業では経営者が若年であることも特徴的で，このことはIT企業が1900年代後半から急成長した証です。マイクロソフトを創業したビル・ゲイツ，アマゾンを創業したジェフ・ベゾス，フェイスブックを創業したマーク・ザッカーバーグなど，若くして彼らが立ち上げた会社は世界でも有数の優良企業へと成長しています。

日本国内では1982年秋に16ビットマイクロプロセッサを搭載したパソコンPC-9800シリーズ（NEC）の販売が始まり，さまざまな企業のオフィスでパソコンが使われ出しました。1990年代中盤には16ビットパソコンが広く世界に普及し，もはやコンピュータは科学技術の専門家のための機器ではなく，一般的なオフィス機器として広く普及していきます。この動きに合わせ，マイクロソフト社は16ビットパソコン用のOSとして，それまでのCUIに代わっ

て初心者でも扱いやすい GUI を提供する Windows95 を発売し，パソコンの売上げに拍車をかけました．また，1990 年代にはインターネット用のブラウザが複数社から提供され，コンピュータのネットワーク化が進みます．アメリカの検索サービス提供会社である Google は，1997 年にインターネット検索サービスを開始し，これ以降コンピュータをネットワークに接続してさまざまなサービスを利用する，現代型のコンピュータの利用スタイルが確立していきます．このような一連の技術的な発展と連動する形で，日本国内の情報サービス産業が大きな発展を遂げています．

さらに 2010 年には世帯保有率が 10% 程度であったスマートフォンが急速に普及し，2015 年ごろには世帯保有率が 70% を超えるまでに一気に普及しました．スマートフォンが世の中に登場する以前の携帯電話でもインターネットに接続する機能はありましたが，携帯電話はあくまでも電話機であって，その付属機能としてインターネットアクセスができるというものでした．しかし，スマートフォンは従来の携帯電話とは機器のコンセプトが異なります．スマートフォンは，インターネット接続機能を有するコンピュータに電話機能を搭載した機器であり，OS もモバイルコンピュータとしての汎用 OS を搭載しています．2016 年になるとパソコンの世帯保有率とスマートフォンの世帯保有率がほぼ一致します．そして，特に若年層においては，パソコンには触ったことがないがスマートフォンは日常的に使用しているといった，従来のコンピュータユーザには見られなかった傾向が現れるようになりました．1988 年には 2 兆円規模だった情報サービス産業の売上げが 2017 年には 11 兆円を超える規模にまで急成長してきた理由が，このようなコンピュータ技術の進展にあることがわかります．コンピュータを核とした情報技術は，新しい産業創出の源であり，その傾向は今後もさらに加速することでしょう．

1.1.3　情報技術はコミュニケーション革命をもたらす

情報技術は，コミュニケーションの分野でも革命的な変化をもたらしました．アナログ電話など，従来技術で運用されていた通信網が情報技術を用いて

1. コンピュータとは

ディジタル化された途端，それまで音声のみであった伝送対象は，画像・映像やテキスト，あるいは触感にまで一気に拡大し，コミュニケーションのあり方を大きく変えました．また，ディジタル通信においては，アナログのようなリアルタイム通信のみならず，伝達されてきた情報を蓄積したり加工したりできるようになり，情報の価値を一気に高めました．例えば，高臨場感通信システムでは，遠隔地にいる人の映像が等身大でスクリーンに映し出され，また，音像定位技術によって映像投影場所と音声発話場所が一致するようコントロールされ，遠隔地にいる人があたかも目の前に存在するような錯覚を覚えるところまで技術が進んでいます．最近では，家庭内にあるさまざまな家電機器も情報技術を用いてコントロールできるようになり，従来の家電にはないさまざまな便利機能を備えるようになりました．例えば，電子炊飯器には米の銘柄に応じて火力を自動調節するような調理情報が格納されており，ユーザは米の銘柄と炊飯方針（かため，やわらかめなど）を入力するだけでおいしく炊飯できるようになりました．また，これらの機器をインターネットに接続することで，新しい米銘柄に対応したり，また新しい調理方法への対応などが簡単に実現できるようになってきました．コンピュータが組み込まれた炊飯器は，従来の炊飯器では考えられない新しい付加価値をユーザに提供しているのです．

インターネットは，モノの売買という概念も変えました．なにか品物を購入する場合，従来であれば品揃えの多い小売店を訪問して製品情報を入手するとともに，他社製品との違いなどについて店員の意見を聞き，購入品を決定してその場でお金を支払うというやり方が基本でした．ところが，インターネットショッピングが普及するにつれ，ユーザはインターネット上のサイトにおいて購入品を決定し，サイト上でオンライン決済を行い，購入した品物は宅配してもらうというやり方が主流となってきました．その結果，従来であれば店舗という限られた空間に商品を効果的に展示し，訓練された店員を通して物品販売を行っていたため販売空間や店員に関連する投資が必要でしたが，店舗も店員も必要としないインターネット上の購入サイトでは，そのような投資は不要となります．このように，情報技術は，物品販売の概念自体を大きく変えまし

た。例えば，物理的な店を構える店舗型書店の場合，書籍の売上げを増やそうとすればそれだけ人件費や店舗規模に応じた費用が増えます。したがって，売上げ高がある規模まで上がりその後で書籍の販売数が落ちてくれば，維持経費を抱えたまま企業の利益が落ちてしまいます。一方，インターネット上でビジネスを展開するネット型書店の場合，店舗や人件費に関わるコストは商品数とは関係なく一定ですので，損益分岐点を超えてしまえば企業の利益は一気に上がります。これがEコマース（電子商取引）の世界で，例えばアマゾンを世界的な規模の大企業に一気に押し上げた理由もここにあります。

1.2 コンピュータのルーツ
―手動式計算機械から現代型コンピュータへ―

1.2.1 手動式計算機械の時代

　現代社会において欠くべからざる存在となったコンピュータのルーツはどこにあるのでしょうか。1901年に，エーゲ海のアンティキティラ島の沖合で沈没していた船から，青銅でつくられた「アンティキティラの機械」が引き上げられました。X線を用いてこの機械の内部構造を分析した結果，この機械は紀元前150年ごろにギリシャでつくられた，天体の運行を予測する計算機械であることがわかりました。この機械は，世界最古のアナログコンピュータであるといわれています。紀元前の古代の時代から，惑星の運行周期などを観測して正確な暦を計算し季節の移り変わりを予測することは，効率的に食料を生産すること，すなわち計画農業を進める上でたいへん重要なことでした。数学や天文学などの「計算」に対する需要が古代から存在した背景には，このような事情がありました。

　アンティキティラの機械から1800年もの時間が経過した1642年，フランスの科学者ブレーズ・パスカル（Blaise Pascal）は機械式計算機パスカリーヌを発明しました。これは歯車式の計算機械で10進数加算と減算ができるアナログ計算機でした。この時代にはパスカリーヌの他にも，いくつかの計算機械

が発明されました.パスカルは徴税官であった父親の膨大な計算を伴う仕事を助けるためにパスカリーヌを発明したといわれていますが,計算に対する需要は他にもありました.15〜17世紀はヨーロッパ人による植民地獲得を目的とした航海が盛んに行われており,陸地の見えない外洋で船の進路を的確に決めるためには,天体観測に基づいて自らの位置を正確に計算する必要がありました.この計算を行う際に,計算の手間を省くために数表が用いられていましたが,間違いが多く安全な航海が保証されないため,速く正確な計算を可能とする機械に対する需要がありました.

さらに 1820 年代になって,イギリスの**チャールズ・バベッジ**(Charles Babbage)は航海で使用する数表を自動作成する**階差機関**(difference engine)を設計しました(**図 1.1**).これは 10 進形式の手回し計算機械ですが,設計図は完成したものの,当時の技術では設計図どおりに製造できず,モノとしては

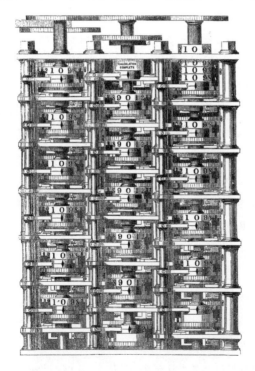

図 1.1 バベッジの階差機関

完成しませんでした。しかし最近になって，当時の設計図に基づいて実際に動作する階差機関が製造され，その姿を博物館（例えば，1989年に製作されロンドン科学博物館に展示されている。レプリカは上野の科学博物館にも現存する）で見ることができます。

1.2.2　現代型コンピュータへ

　バベッジの時代から100年ほど経過した1920年代になると，アナログコンピュータが開発されるようになりました。アナログコンピュータは，電子回路を用いて微積分といった演算を行う装置で，例えば微分方程式を解くなどの解析で使用されました。そして1936年，イギリスの数学者アラン・チューリング（Alan Mathieson Turing）は「計算可能数とその決定問題への応用（On computable numbers, with an application to the entscheidungsproblem）」という論文を発表します。これは仮想的な計算機のモデルで，いわゆるチューリングマシンと呼ばれるコンピュータの原理に関する論文でした。チューリングマシンについては2章でも説明しますが，コンピュータが問題を解くことを数学的に定義し，またプログラムを入れ替えることでさまざまな処理を実行できることを示しました。翌1937年，アメリカの数学者**クロード・シャノン**（Claude Elwood Shannon）は，イギリスの数学者**ジョージ・ブール**（George Boole）が1854年に提唱した**ブール代数**（Boolean algebra）における演算を電気回路で実現できることを示しました。ブール代数は，一つの命題を真（true）または偽（false）という二つの記号で表す体系で，論理をコンピュータで計算するための基礎概念となっています。シャノンは，このブール代数の真と偽の値を電気の極性（プラスとマイナス）と対応させることによって，ブール演算をスイッチ回路で構成できることを示したのです。つまり，ブール演算の結果である**「0」と「1」による数体系は2進数**であり，この2進数を電子回路で実現する機械が**ディジタルコンピュータ**です。われわれが日常使用するコンピュータは，回路の出力が「0」と「1」をとるディジタル回路でつくられています。

　シャノンの論文から5年後の1942年，アメリカのジョン・アタナソフ

(John Vincent Atanasoff)とクリフォード・ベリー（Clifford Edward Berry）は2進数で動く現代型のディジタルコンピュータ（開発者のイニシャルをとってABCマシンと呼ばれる）を開発しました．ここからコンピュータの開発競争が始まります．ABCマシンは専用の用途に限定されたものでプログラムを搭載することができませんでしたが，1944年にはプログラム可能なHarvard Mark 1が開発され，1946年には，アメリカのジョン・モークリー（John William Mauchly）とジョン・エッカート（John Presper Eckert）が中心となって，世界初の電子式コンピュータENIACを開発しました（**図1.2**）．ENIAC以前のコンピュータでは，リレーなどの機械的な部品が使われていましたが，ENIACは機械的な部品を使わずすべて電子部品で構成することで高速な計算を実現しました．ただし，ENIACでは約2万本の真空管が使われ，消費電力は150 000 W，コンピュータの本体を設置するために約9 m×15 mの部屋を必要とするほどの大掛かりな装置でした．

その後，現在使われている方式であるノイマン型コンピュータが開発されます．ノイマン型コンピュータは，**ジョン・フォン・ノイマン**（John von

図1.2 世界初の電子式コンピュータENIAC

Neumann）が提唱した方式です。プログラムが内蔵され，かつそのプログラムを変更することが可能であることが特徴でした。1949年にケンブリッジ大学において開発されたEDSACがノイマン型コンピュータの第1号機です。翌1950年にはノイマン自身が設計に携わったコンピュータEDVACが開発されています。この時代は1939年から始まった第二次世界大戦の最中であり，ENIACやEDVACは陸軍が砲弾の弾道計算を行うために開発した軍事目的のコンピュータでした。1951年，世界初の量産型コンピュータUNIVAC1がアメリカで開発され，翌年の1952年に行われた米国の大統領選挙において，開票率わずか7%の段階においてアイゼンハワー大統領の当選予測を的中させたことが，コンピュータの威力を世に知らしめる大きなエポックとなりました。

1.3 現代型コンピュータは2進数で動く

現在，われわれが使っているコンピュータはディジタルコンピュータですが，前節で述べたとおり，コンピュータ内部における情報処理は0と1という2進数で実行されています。ディジタルとは**離散的（非連続的）な値**を意味し，コンピュータ内部では0か1のみを扱い，その中間値は扱いません。

われわれが日常生活で使用している数体系は10進数ですが，これは数体系を構成する要素（基数）が0, 1, 2, 3, 4, 5, 6, 7, 8, 9の10個であることを意味します。10進数の最大値である9を超えると，桁(けた)が上がって10となります。

では，コンピュータ内の処理で用いる2進数ではどうでしょうか。考え方は10進数と同様で，2進数という数体系を構成する要素は0と1の2個です。2進数の最大数である1を超えると桁が上がって10となります。われわれが日常使っているコンピュータは，このような2進数の数体系で動作しています。

2進数は最も少ない記号で数を扱う体系ですが，一般的に基数が2個以上あればすべての数を記述することが可能です。2進数の体系は，電気回路の極性が（＋）と（−）の2値であることとの相性がよく，回路設計も容易です。実際のコンピュータ内部では，電圧が高い状態（V-high）に1を，電圧が低い

状態(V-low)に0を対応させてディジタル回路を動かしています。コンピュータの中で情報がどのように扱われているのかについての詳細は，4章で詳しく説明します。

1.4 スーパーコンピュータと人工知能

1.4.1 高速計算へのかぎりない需要とスーパーコンピュータ

1.2節で述べたとおり，古代においては天体の運行計算，中世においては航海用の位置計算，そして近代になると砲弾の弾道計算といった計算への需要があり，各時代において高速な計算を行う道具としてコンピュータが開発されてきた経緯について説明しました。

そして現代においては，局所短時間気象予測や大規模地震などを想定した災害シミュレーション，新材料の発見や創薬，金融データのリスク分析などを目的として，きわめて高速な演算が可能なスーパーコンピュータの開発が行われています。最近では，これまでのシリコン基板の上につくられた半導体チップに代わる新しい高速コンピュータとして，光コンピュータや量子コンピュータなどの研究も進んでいます。

一方，コンピュータの応用分野として期待が高まっていた**人工知能**(artificial intelligence, **AI**)の研究が急速に進展し，1997年5月11日にはIBMが開発した人工知能ディープブルーがチェスの世界王者カスパロフを破りました。このニュースは，コンピュータが人間の知能を凌駕したという意味で世の中に大きなインパクトを与えました。ゲームの複雑さという観点から見ればチェスの局面数は10^{40}といわれており，コンピュータがチェスのすべての打ち手を計算して人間に勝利できるとは予想されていませんでした。ゲームの複雑さ(局面数)は，将棋では10^{80}のオーダー，囲碁では10^{170}のオーダーといわれておりチェスよりもはるかに複雑です。ところがその囲碁においても，2016年3月，英グーグル・ディープマインド社が開発した囲碁の人工知能「アルファ碁」が，それまで世界最強のプロ囲碁棋士といわれていたイ・セドル氏

(韓国)に勝利したのです。その後も人工知能を搭載した囲碁や将棋ソフトが現れ，もはや人間のトッププロでもコンピュータには敵（かな）わない時代に突入しています。

1.4.2 『人工知能』が支配する近未来 ―2045年問題（シンギュラリティ）―

「2045年問題（シンギュラリティ）」とは，西暦2045年にはコンピュータの性能が人間の脳を超えるという予測で，経済学者レイ・カーツワイル（Ray Kurzweil）によって提唱されました。情報技術，とりわけ人工知能（AI）がいまのペースで発達しつづけると，ある地点でコンピュータの知能が人類の知能を超える，そのような究極の人工知能が誕生する。その究極の人工知能が，さらに自分よりも優秀な「AI」を開発し，さらにその優秀な「AI」が，つぎのもっと優秀な「AI」を開発するという事態です。これが繰り返されるとなにが起きるのか？ その答えは誰も知りません。しかし，シンギュラリティの到来を前提として，現代の社会システム全体を修正していくような英知が人類に求められているのかもしれません。1940年代に始まった情報技術の急速な進展は，そこから100年あまりでシンギュラリティという問題に突き当たるところまで来ています。

1.4.3 情報工学の役割

21世紀の科学技術の発展を考える上で，「情報」の重要性はますます高まっています。20世紀の科学技術では，細分化された専門性の高い科学技術を駆使して現実の自然環境を人間が住みやすいようにつくり変える，つまり「環境を克服する」という考え方が主流でした。物質的な探求が中心であり，高度な機能の開発/速度の向上/規模の拡大が目的関数であり，そのために資源の選択と集中が行われて人間の生活がそれまでとは見違えるほど便利になり，活動範囲も飛躍的に広がりました。

しかし，その一方で，例えば環境破壊や格差問題など，一つ間違えば人間社会や地球環境の破壊をもたらすような負の側面も生み出してきました。21世

紀の科学技術で求められるのは，細分化された専門分野を統合し，俯瞰的な観点から人類の利益を最大化できるような，調和的なアプローチです．自然環境との調和/多様性への適合/分散的な発展などを目的関数に取り入れた科学技術が求められているのです．

例えば，地球温暖化という環境問題を解決に導くためには，気象や海流といった**自然科学の知見**に加え，大気中の二酸化炭素を増やす最大の原因となっている人間の生活観や価値観，つまり**人文・社会学的な知見**が必要とされます．20世紀の科学技術においては，科学技術と人間の社会活動とはたがいに別々の存在でした．しかし，21世紀の科学技術においては，科学技術自体をつねに人間や社会と関連づけて捉えるような，新しいアプローチが求められます．

この新しいアプローチで有効な視点となり得るのが「情報」です．例えば，生物学の世界では20世紀的な物質的視点からの観察だけではなく，遺伝子がもつ DNA 配列という**情報**に基づいて生命現象の全体を俯瞰的に理解しようとする生命情報科学（bioinformatics）という新たな学問分野が生まれています．

本書では，**情報工学**を「**物理現象や社会現象を支配している原理や法則を，"情報"という観点から捉え，コンピュータ上で計算可能な手順に変換することにより処理を自動化する方法を創出する学問分野**」と定義します．このアプローチは，まさに21世紀の科学技術で求められている考え方であり，「工学」という人間の社会活動とは不可分の学問領域において，コンピュータを基軸として人類の幸福に寄与する技術を生み出すことが情報工学の役割であることを明言しています．コンピュータを利用して人々の生活を便利にする，コンピュータを利用して芸術や創造活動に寄与し人々に感動を与える，コンピュータを利用して人間の社会を豊かにする，これが情報工学の目的です．

ところで，コンピュータを利用するためには，さまざまな目的を「計算」という形に置き換えることが必要です．したがって，**情報工学の世界観**は「**すべては計算である**」かつ「**すべてはコンピュータ上で実現できる**」ことです．コンピュータ上で実現することのすべてを「計算」と総称しますが，現実世界に

おいては計算不可能なこと，つまりコンピュータ上で実現できないことも存在します。計算可能性の問題については5章で解説します。

1章の参考文献：
1) 能澤　徹：コンピュータの発明，テクノレヴュー社（2003）
2) 立石泰則：覇者の誤算 —日米コンピュータ戦争の40年〈上〉，日経（1993）
3) 立石泰則：覇者の誤算 —日米コンピュータ戦争の40年〈下〉，日経（1993）
4) 星野　力：誰がどうやってコンピュータを創ったのか，共立出版（1995）
5) M. キャンベル-ケリー，W. アスプレイ（山本菊男 訳）：コンピューター200年史，海文堂出版（1999）

2 コンピュータのハードウェア構成

　この章では，コンピュータの基本コンセプトである「計算する機械」という概念，コンピュータの基本構成とその設計思想について，歴史的な発展を踏まえながら概説します。

2章のキーワード：
チューリングマシン，状態遷移図，ENIAC，プログラム可変内蔵方式，ノイマン型コンピュータ，中央処理装置（CPU），メモリ，コンピュータの5大機能，ソフトウェア，トランジスタ，集積回路（IC），ムーアの法則，LSI，ROM，グラフィカルユーザインタフェース（GUI），スーパーコンピュータ

2.1　計算する機械の概念

2.1.1　チューリングマシン

　チューリングマシン（Turing machine）とは，イギリスの数学者アラン・チューリングが考案した計算を実行する仮想機械であり，計算機に関する数学的なモデルでした。チューリングマシンは，マス目で区切られ読み書き可能な，記号が記録された無限長のテープ，およびテープに格納された記号にアクセス（読み書き）できるヘッド，から構成されています。このヘッドを左右に移動させながら，テープの各コマ（マス目）に格納された記号を読み書きします（**図2.1**）。

　チューリングマシンは内部にいくつかの状態を保持しており，その内部状態とヘッドから読み出した記号の組合せに応じて，そのつぎの動作を決定します。ヘッドが初期状態にある場合，まず，テープ上の初期位置にある1コマに

2.1 計算する機械の概念　17

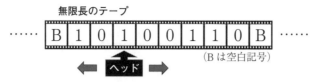

図2.1　チューリングマシンの基本概念

書かれた記号をヘッドから読み取ります。つぎに，読み込んだ記号とマシンの内部状態との組合せによって決定される新たな状態（現在の状態または他の状態）に遷移（マシンの内部状態を変化させる）し，決められた記号を現在のコマ（ヘッドがある位置）に書き込みます。その後，マシンの内部状態において規定された方向（左右）にヘッドを1コマ動かします。チューリングマシンではこのような動作を延々と繰り返し，最後にマシンの内部状態が「停止」になった時点でチューリングマシンは停止します（**図2.2**）。

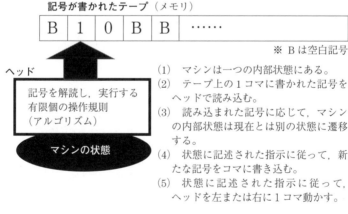

図2.2　チューリングマシンの動作

2.1.2 状態遷移図

前節で述べたチューリングマシンの内部状態は，「**状態遷移図**（state transition diagram）」で表現することができます。状態遷移図の例を**図2.3**に示します。この状態遷移図には状態1と状態2の二つの状態があります。

　図において，現在の内部状態は「状態1」で，このときテープのコマに書か

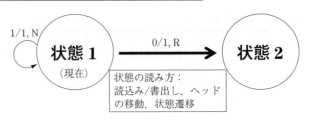

図 2.3 状態遷移図の例

れた記号を読み取ります。もしコマから読み込んだ値が 0 であればコマへの出力値を 1，すなわちコマの値を 1 に書き換えてヘッドを右（Right）に一つ移動し，マシンの内部状態を「状態 2」に遷移する，と読みます。もし読み込んだ値が 1 であればコマへの出力値を 1 としてヘッドは動かさず（None），マシンの内部状態は「状態 1」のままとします。

図 2.4 は，2 進数の演算で 1 を加算するチューリングマシンの状態遷移図です。図に示すように，状態（○で表記）が全部で四つあり，初期状態は状態 0，マシンはこの状態 0 からスタートします。各状態から矢印が出たり入ったりしていますが，この矢印は状態遷移，およびその遷移方向を示しています。

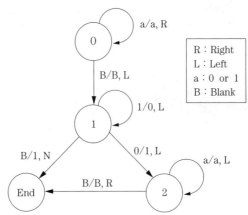

図 2.4 2 進数に 1 を加算するチューリングマシンの状態遷移図

例えば図 2.4 の状態 0 では，2 本の矢印が出ていて，そのうち 1 本は状態 1 へ，もう 1 本は自分自身に矢印が向いています。自分自身に戻る矢印は，指定された処理（読込み/書出し）を実行した後，そのまま自分自身に戻る，すな

わち状態を変えない（状態は 0 のまま）ことを意味します。自分自身に戻る矢印の横に「a/a, R」という記述がありますが，これはここで実行すべき処理を表しています。自分自身に戻る矢印横の「a/a, R」において，「a」は any の意味であり 0 でも 1 でもよいという意味です。その右にある「R」はヘッドを右（Right）に動かすことを意味します。

したがって，「a/a, R」は状態 0 にあるマシンがテープのコマからデータを読み込んだとき，もし読み込んだ値が 0 であれば 0 を書き込み，読み込んだ値が 1 であれば 1 を書き込み，マシンのヘッドを右（Right）に 1 コマ動かしますが，マシンの状態は 0 のまま変えないという動作を実行します。

一方，状態 1 に向いた矢印の横には，「B/B, L」という記述があります。「B」は Blank であり記号が記録されていないブランクを意味します。その右にある L は「左に移動」の意味です。したがって，「B/B, L」は，読み込んだ値が B であった場合には B を書き込み（つまりブランクのままにする），マシンのヘッドを左（Left）に 1 コマ動かした後，マシンの状態を「状態 1」に遷移させます。図 2.4 の状態遷移図では，状態 0 の下に移動したことになります。同様の処理を繰り返し，状態 End に遷移した時点で処理が終了します。

図 2.4 の状態遷移図を使い，被加算数として 2 進数の $(11)_2$ が与えられた場合のチューリングマシンの動作を**図 2.5** に示します。

テープのコマ 2 箇所に「1」という記号が入力されています。他のコマはすべてブランクですので「B」が入力されています。したがって，図 2.5 の二つの「1」の両側のコマはすべて「B」で満たされています。図の細い矢印がヘッドを，そのわきにマシンの状態を記述しています。例えば，計算のはじめでは，ヘッドは初期位置にあり，このときのマシンの状態は S_0 です。図 2.4 で示した 2 進数に 1 を加えるチューリングマシンが，このテープを読み書きしながら計算を行います。

2 進数計算で 11 + 1 = 100 ですので，最終的な結果が $(100)_2$ となっていればこのチューリングマシンは正しく動作したといえます。では，チューリングマシンによる計算のプロセスを追っていきましょう。

20   2. コンピュータのハードウェア構成

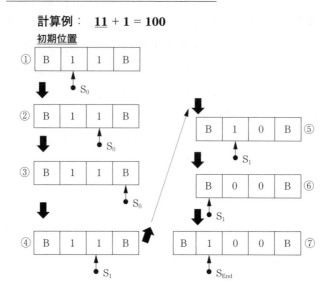

図 2.5 2進数に1を加算するチューリングマシンの動作例

　図2.5の初期位置において，マシンの状態は初期状態 S_0 です．ここで，ヘッドはテープに記録されているデータ「1」を読み取ります．図2.4の状態遷移図では，状態 S_0 において入力が「0」または「1」であれば，入力されたものと同じ記号をテープに書き込んで状態 S_0 に戻り，ヘッドを右に動かすことが指示されています．図2.5の①において，マシンは左から2番目のコマから「1」を読み込んだため（状態は S_0），読み込んだデータと同じ「1」をこのコマに書き込み，状態は S_0 のままでヘッドを右にずらして②の段階に進みます．
　この移動した先のコマのデータは「1」ですので，再度「1」を書き込んで状態は S_0 のままでヘッドを右にずらして③の段階に進みます．この段階でマシンはコマから「B」のデータを読み込みますが，その場合にマシンは図2.4の状態遷移図に従って「Bをコマに書き込んでヘッドを左に動かし，状態を S_1 に遷移させる」という処理を行います．これが図2.5に示す状態④です．コマのデータは「1」なので，マシンは図2.4の状態遷移図の状態①の記述に従って「コマに0を書き込んでヘッドを左に動かす（状態は S_1 のまま）」という処理（図2.5の⑤の段階）を実行します．動いた先のコマのデータは「1」

ですので「コマに0を書き込んでヘッドを左に動かす(状態はS_1のまま)」処理(図2.5の⑥の段階)を実行します。つぎに,コマのデータを読み込むと「B」ですので,図2.4の状態遷移図に従って「コマに1を書き込んでヘッドは動かさず,状態をS_{End}にして処理を停止(図2.5の⑦の段階)します。チューリングマシンが処理を停止したときのテープのコマの値を見ると100となっています。このチューリングマシンで処理した値は2進数計算で11 + 1 = 100という結果と一致しますので,図2.4に示した状態遷移図が2進数で1を加えるチューリングマシンであることが確認できました。

図2.4に示した状態遷移図は2進数に1を加える計算処理でしたが,この部分を別の状態遷移図に取り換えれば図2.2に示した仕組みを用いてさまざまな処理を実行することが可能です。このようなチューリングマシンを「万能チューリングマシン」と呼びます。チューリングマシンで行われている一連の処理動作を通じて,「計算する機械」の概念が明らかになりました。

(1) 「機械が計算を実行」することは,機械が特定のアルゴリズムを実行することである。
(2) 「アルゴリズム」とは実行の順序が決められている手続き(命令)の列であり,有限回の手続きを実行した後には必ず手続き(命令)が終了し,手続き終了の時点で解が求まっているという条件を満たすことである。
(3) 「問題が解ける」とは,その問題を解いて停止するチューリングマシンが存在することである。

2.2 世界初のコンピュータ ENIAC(エニアック)

ENIAC(electronic numerical integrator and calculator)は,現代型コンピュータの祖となる世界最初のコンピュータといわれています。このコンピュータは,アメリカのペンシルバニア大学において,当時助教授のモークリーと大学院生のエッカートが中心となって1943年に開発が始まり,1946年に完成しました。

2. コンピュータのハードウェア構成

　ENIAC は，アメリカ陸軍の弾道研究室が開発資金のスポンサーとなり，大砲の砲弾を精度よく命中させるための弾道計算を速く正確に行うために開発されたコンピュータでした。また ENIAC の開発には，原子爆弾の開発プロジェクトであるマンハッタン計画に従事していた数学者ノイマンも，顧問として参加していました。

　ノイマンの狙いは，原子爆弾を開発する上で必要となる物理学の複雑な計算にコンピュータを用いることでしたが，ENIAC の開発はノイマンの狙いどおりには進まず，第2次世界大戦終結（1945 年）の翌年，1946 年に完成しました。結局，原子爆弾の設計で ENIAC が使われることはありませんでした。

　ENIAC には，17 468 本の真空管が搭載されており，10 進数で 10 桁の加算処理を毎秒 5 000 回実行できるという性能をもっていました。この性能は，当時最新鋭のリレー式コンピュータ（例えば，ハーバード大学の Harvard Mark I など）の 100 倍以上の高い演算速度を誇っていました。ENIAC のサイズは，高さ 2.4 m，幅 30 m，奥行き 0.9 m という巨大なもので，重さは 27 トンもありました。ENIAC を設置するには 167 m^2 の広さが必要でしたが，これは 140 名程度を収容できる教室に相当する広さで，ENIAC がいかに巨大な装置であったかがわかります。また，ENIAC の消費電力は 150 000 W でした。現代のノートパソコンの消費電力は 20～30 W 程度であるのと比べると，膨大な電力（ノートパソコンで約 5 000 台分）を必要としたことがわかります。

　ENIAC は，利用目的に応じて計算処理の内容を変更できる「プログラム可能」なコンピュータでした。しかし，ENIAC へのプログラム入力は装置パネル上にある 200 個以上のスイッチや数百のケーブル配線をつなぎ変えるという，現代のプログラミングとはまったく異質なものでした。まずは，紙上で計算手順（プログラム）を設計し，その設計書に基づいて ENIAC にプログラムを入力するわけですが，入力（配線）作業だけで 1 週間もの時間を要したといわれています。このように膨大な作業を伴う ENIAC のプログラミングでは，何人もの専門スタッフが手分けして作業に当たる必要がありました（**図 2.6**）。

　図 2.7 は ENIAC のハードウェア構成を模式的に表したものです。図中の命

2.2 世界初のコンピュータ ENIAC（エニアック）

図 2.6　ENIAC のプログラミング

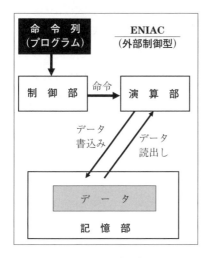

図 2.7　ENIAC の基本構成

令列とは ENIAC に与える計算手続きを記したプログラムですが，ENIAC ではこの命令列をスイッチの設定や配線によって実現します．制御部は，この命令列に沿って装置の計算機構である演算部をコントロールし，その結果が記憶部に記録されます．ENIAC の場合，命令列（プログラム）がスイッチや配線という形で計算機の演算部と完全に切り離されているというハードウェア構成で

す。このようにプログラムがコンピュータの演算部分の外側に存在するハードウェア構成を「外部制御型」と呼びます。先にも述べたとおり，外部制御型のコンピュータでは，プログラムを読み込む作業が非常にたいへんでした。これに対して，プログラムをデータの一部として内蔵する方式がノイマンによって提案されます。現在，われわれが日常的に使用するコンピュータは，**プログラム可変内蔵方式**であり，これが「**ノイマン型コンピュータ**（von Neuman type computer）」と呼ばれるコンピュータアーキテクチャです。

2.3 ノイマン型コンピュータ

プログラム可変内蔵方式のアイデアは，ENIAC 開発の過程でモークリーとエッカートも関わって生み出されたともいわれていますが，詳細については明らかになっていません。

図 2.8 はノイマン型コンピュータの基本構成を模式的に示しています。この図に示すように，ノイマン型コンピュータでは命令列（プログラム）が記憶部の中にデータと同様に格納されています。つまり，プログラムもデータも同じ記憶装置内でのパターン（データ）として扱われていることが大きな特徴です。図 2.7 と図 2.8 を見比べるとわかるとおり，両方式の大きな違いは，命

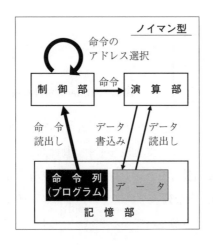

図 2.8　ノイマン型コンピュータの基本構成

令列（プログラム）がどこにあるかということです．外部制御型ではプログラムはハードウェアの一部として演算装置の外にありますが，ノイマン型ではデータと同じ書換え可能な形でメモリの中にあります．したがって，ノイマン型コンピュータでは，計算の手続き（プログラム）自体がデータと同じように記憶部（メモリ）に保存され，プログラムの改変がとても容易になっています．

ENIACではハードウェアと表裏一体であったプログラムを，ノイマン型ではハードウェアから独立させてデータと同じように記憶部に保存することで，汎用のハードウェアを用いてプログラムを実行するという現代型のコンピュータアーキテクチャに置き換えました．図2.7と図2.8のように，模式図として書けば両方式の違いは小さいように見えますが，この違いはコンピュータの設計概念を根底から覆し，その後のコンピュータの発展に大きな貢献を果たす大変革となりました．

実際に，ノイマン型コンピュータがどのように動作するのかを見てみましょう．**図2.9**はノイマン型コンピュータの動作の仕組みを表しています．図に示すように，コンピュータの主要部分は**中央処理装置**（central processing unit，**CPU**）と**メモリ**（**主記憶装置**）から構成されています．CPUは**制御装置**と**演算装置**から構成されています．この他に，データの**入力装置**，**出力装置**，**補助記憶装置**がありますが，ここでは主要部分のみ説明します．図2.9でも示しましたが，メモリにはデータとプログラムが同居しています．メモリ上の各セルには識別用の番号（メモリ上の番地）が付いており，CPUからメモリへのアクセスはすべてこの番地で指定されるようになっています．プログラムとデータは，それぞれ別々の領域に格納されるよう，番地によって区画が分けられています．

一方，CPUにはプログラムカウンタ，命令レジスタ，アキュムレータ（加算器）が装備されています．プログラムカウンタは，現在実行している命令がどれであるかを番地によって管理する機能です．プログラムが開始されると，まずは0000番地に書かれた命令から実行するようCPUをコントロールしま

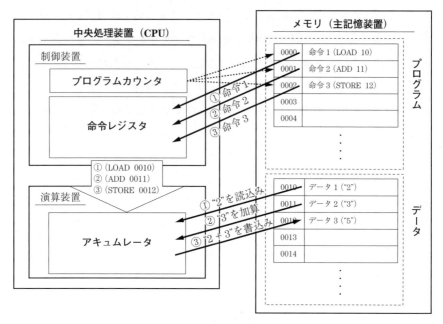

図 2.9 ノイマン型コンピュータの動作

す。CPU は，プログラムカウンタが指定する番地に書かれた命令を読み込んで，いったん命令レジスタに記憶し，命令内容を解読（デコード）します。ここで解読した命令内容に応じて，アキュムレータに指示を出します。アキュムレータは，命令レジスタから受け取った命令を実行し，その結果をメモリのデータ領域に書き込みます。

　図 2.9 の例では，最初にプログラムカウンタは 0000 番地を示しているので，そこに記された命令 1（メモリの 0010 番地から値「2」を読み出す）を命令レジスタに読み込んで実行します。アキュムレータは命令レジスタの指示を受け，0010 番地から値を読み出して一時記憶します。0000 番地の命令を処理し終えると，プログラムカウンタは 0001 番地を指すので，命令レジスタは 0001 番地に記された命令 2（メモリの番地 0011 に書かれた値「3」を加える）を読み込み，実行（アキュムレータに指示を出す）します。アキュムレータは指定された 0011 番地の値を読み込んで，命令 1 の実行結果として一時記憶してい

る値「2」に読み出した「3」を加算します．つぎに，命令レジスタは0002番地に書かれた命令3（0012番地に一時記憶していた値を書き出す）を読み込んでアキュムレータに指示を出します．アキュムレータは，一時記憶していた加算結果である「5」を0012番地に書き込みます．コンピュータはこのような処理を逐次繰り返し，最後にプログラムを終了します．

　ノイマン型コンピュータの処理動作をまとめるとつぎのように要約できます．

1) 処理すべき命令が記された記憶部のアドレスを指定する．
2) アドレスで指定された命令を記憶部から読み出す．
3) 読み出された命令に基づいて演算を実行する．
4) 演算の種類によって記憶部からデータを読み出す/書き込む．

　図2.10は，ノイマン型コンピュータの一般的なハードウェア構成を示しています．このノイマン型コンピュータは，図2.9で示した制御装置，演算装置，主記憶装置（メモリ）の他に，入力装置，出力装置を加えた五つの機能に

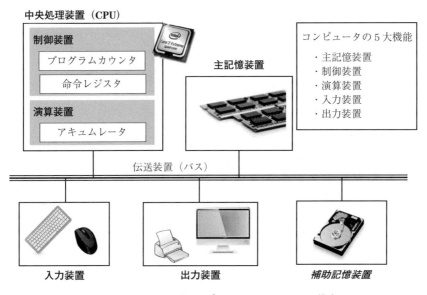

図2.10　ノイマン型コンピュータのハードウェア構成

よって構成されています。この五つの機能を**コンピュータの5大機能**と呼びます。ノイマン型コンピュータでは，CPUは主記憶装置に対してのみ読み書きが可能であり，CPU以外の装置はすべて主記憶装置を介してCPUとやり取りします。つまりCPUからは，入力装置，出力装置などの周辺装置はすべて仮想的なメモリ（特定のメモリ空間）へのアクセスという形で見えています。ノイマン型コンピュータのハードウェア上の特徴は，以下のとおりです。

(1) コンピュータは5大機能で構成される：主記憶装置，制御装置，演算装置，入力装置，出力装置の五つ。

(2) プログラム可変内蔵方式を採用している：プログラムとデータは主記憶装置上で書換え可能である。

(3) 線形記憶方式：主記憶装置上のプログラムとデータは0番地から1番地ずつ増加する線形アドレスで管理される。

(4) 逐次処理：コンピュータはプログラムカウンタによって指示される命令を一つずつ実行する。

2.4 ハードウェアとソフトウェアとの分離

ノイマン型コンピュータにおいて「計算手続き（命令列）が，コンピュータ内部でデータと同等に処理できるようになった」ことの意義は，つぎのようにまとめることができます。

1. 大きくて複雑なプログラムがつくれるようになった（ENIACのような配線方式では限界があった）。

2. プログラムをサブルーチンという小さな部分に分割し，サブルーチンとして分割された部分的処理を呼び出すことが可能となった。

3. さまざまなプログラミング言語が発明され，その言語を使うことで簡単に高度なプログラムをつくることができるようになった。

4. OSなど，計算機を容易に使うための便利な共通機能（プログラム）が装備され，コンピュータが使いやすくなった。

2.4 ハードウェアとソフトウェアとの分離

　このプログラム可変内蔵方式という発明によって，ハードウェアとソフトウェアを分離して，別々に開発することが可能になりました。その結果，ハードウェアとソフトウェアにおいて，それぞれに独自の開発が進み，コンピュータ技術の飛躍的発展がもたらされました。

　ハードウェアでは，さまざまな電子デバイスが発展します。1948年ごろに**トランジスタ**（transistor）が発明されると，それまで真空管を用いてつくられていたコンピュータは次第にトランジスタ製に置き換わりました。トランジスタを用いることによってコンピュータの小型化，低消費電力化が進み，また低価格化が進むのと同時に信頼性が向上しました。さらに，1958年に**集積回路**（integrated circuit，**IC**）が発明されると，多くのコンピュータがICを採用してコンピュータはさらに小型化され，商用化が加速します。アメリカインテル社の創始者の一人であるゴードン・ムーア（Gordon E. Moore）は，集積回路に詰め込まれるトランジスタの数が1.5～2年ごとに2倍に増加していくことを1965年に予測しました。これは**ムーアの法則**（Moore's Law）と呼ばれ，これ以降50年にもわたってICの発展をほぼ正確に予測してきました。

　1971年には4ビットのマイクロプロセッサ（microprocessor）が，さらに1973年には8ビットのマイクロプロセッサが開発されます。このようなマイクロプロセッサの開発によって，それまでは科学者や専門家のみが使っていたコンピュータが，パーソナルコンピュータという形で一般向けに広く普及し始めます。1965年以降，ムーアの法則に従ってICの集積度は年々増大し，ICからLSI（large-scale integrated circuit）になり，さらにVLSI（very large scale integrated circuit）というように，コンピュータのハードウェアは大きく発展を遂げました。

　一方，ソフトウェアもハードウェアの発展と並行して独自に発展しました。1940年代の初期のコンピュータでは，プログラムは機械語で書かれていました。機械語とは，CPUに対して直接的に命令を与えるコードです。CPUは2進数で動いていますが，2進数表現されたコマンドと直接対応する数値によるコードです。計算の目的を達成するよう処理手続きを手順化し，その手順をプ

ロセッサが理解できる機械語としてコンピュータに入力していきます．ただ，数値コードは人間にとってあまりにもわかりにくいため，各数値コードに対応する，人間にとってわかりやすい命令コマンド，例えば「LD, 0010h（メモリの0010番地から値を読み出す）」といった命令語を対応させてプログラミングを行いました．このようなプログラミング言語をアセンブリ言語と呼びます．アセンブリ言語は数値コマンドよりは人間にとってわかりやすいものの，少し複雑なプログラムを書くためにはたいへんな苦労を強いられます．このような背景の下，商用コンピュータが発売される1950年代後半になると，より人間に理解しやすい高水準言語の開発が始まります．つまり，人間が読みやすいプログラム（高水準言語によるソースプログラム）を，機械が読めるコード（2進数の命令コード）にコンピュータが自動的に変換するプログラムが開発されたことを意味します．

　1957年，IBM社のジョン・バッカス（John Warner Backus）は，科学技術計算用の高水準言語FORTRAN（FORmula TRANslation）を開発しました（5.1.3項 参照）．FORTRANは科学技術計算用に多くの数学関数やサブルーチンをもっている手続き型プログラミング言語であり，大規模な計算を行う分野において広く利用されてきました．1960年には，事務員など必ずしもコンピュータに関する専門的知識をもたないユーザにも馴染みやすい事務処理用のプログラミング言語，COBOL（common business oriented language）が開発されました．

　また，1972年にはAT&Tベル研究所のデニス・リッチー（Dennis MacAlistair Ritchie）が中心となって**C言語**が開発されました．C言語はプログラミングの自由度が高く，汎用性も高いため，現在でも家電の組込み用マイコンからスーパーコンピュータに至るまで，幅広く利用されているプログラミング言語です．

　1970年代前半に8ビットマイクロプロセッサが開発されると，1970年代後半にはパーソナルコンピュータが普及し始めます．このパーソナルコンピュータの発売に合わせてマイクロソフト社はMicrosoft BASICを発表し，8ビット

マシンの ROM（read only memory）に搭載してリリースします。このことにより，Microsoft BASIC は 8 ビットパソコンにおける中心的なプログラミング言語となりました。1980 年代になるとオブジェクト指向言語が普及します。C 言語にもオブジェクト指向が導入されて C++ という新しいプログラミング言語が生まれました。

　マイクロプロセッサを搭載したパーソナルコンピュータが普及すると，コンピュータのユーザインタフェースにおいて**グラフィカルユーザインタフェース**（graphical user interface, **GUI**）が開発されます。1973 年にアメリカのゼロックス社パロアルト研究所（Xerox PARC）で開発された **Xerox Alto**（**ゼロックスアルト**）は，マウスによるウィンドウ操作（GUI）を導入した最初のコンピュータといわれています。

　しかし，GUI の概念そのものの提案は Xerox Alto の 10 年以上も前に行われていました。GUI を実現する契機となったマウスの原型が登場する Intelligent Amplifier のデモンストレーションは，1962 年に**ダグラス・エンゲルバート**（Duglous Engelbert）によって行われました。エンゲルバートは，現在のパーソナルコンピュータで当たり前のように使われているワードプロセッシングや，アウトライン処理，ウィンドウシステム，テキストリンクといった技術を世界で最初に提示した人物です。1960 年代当時は，コンピュータはメインフレーム型で，プログラミングにはパンチカードを使っていた時代でした。メインフレームという大型コンピュータを大勢のユーザが**キャラクタユーザインタフェース**（character user interface, **CUI**）で共有していた時代に，GUI の概念を提唱するというのは非常に先進的だったといえます。

　まだメインフレーム全盛時代であった 1970 年に，**アラン・ケイ**（Alan Kay）は個人用コンピュータという，現代の**パーソナルコンピュータ**（personal computer, **PC**）の概念を提案しました。アラン・ケイが提案したのは**ダイナブック**（Dynabook）というコンピュータシステムであり，いつでもどこでも個々人が使用できるコンピュータシステムの概念で，これも当時としては非常に先進的なものでした。この当時はインテルが 4 ビットマイクロプロセッサを

発売したばかりであり，アラン・ケイが提案するようなパーソナルコンピュータを実現できる技術は確立していませんでした。

アップル社がGUIを採用したパーソナルコンピュータである初代Macintoshを発売するのは，これから14年後の1984年になってからでした。Macintoshの発売から4年後の1988年に，アップル社の**ジョン・スカリー**（John Scurry）は未来のコンピュータシステムであるKnowledge Navigatorを提唱しイメージビデオを公開しました。Knowledge Navigatorは人工知能を搭載したコンシェルジェがユーザの秘書を務めるというもので，現在のコンピュータシステムを予見した内容で当時の技術者に大きなインパクトを与えました。

このように，ハードウェアとソフトウェアとの分離によって，ハードウェア/ソフトウェアそれぞれが独自の発展を遂げ，今日に至っています。ノイマン型コンピュータという概念の転換がいかに大きなインパクトを与えたかがよくわかります。

2.5 コンピュータアーキテクチャ

前節まで，コンピュータがどのようにつくられ，それがどのように発展してきたか，また，ノイマン型コンピュータという設計思想の転換がその後のコンピュータ技術の発展にどれだけ大きな影響を及ぼしたかを述べてきました。この節では，コンピュータの設計思想であるコンピュータアーキテクチャについて概説します。

2.5.1 コンピュータアーキテクチャとは

コンピュータアーキテクチャ（computer architecture）とは，特定のハードウェアには依存しない論理的なシステムの構造（方式）を指します。つまり，計算機内部での情報の表現や命令・実行・制御などについて，どのようなやり方で処理するのか，その方式がコンピュータアーキテクチャです。

アーキテクチャは，建築の世界において建築物の目的や要求機能を満たすよ

うに設計された，建物の基本的構造（例えば，間取りなど）を指す言葉として使われます．建物の基本構造を設計する役割を担うのが建築家（アーキテクト）です．そして，建築家が作成した設計図に沿って具体的なモノをつくる，例えばコンクリート/鉄/木などを使って現実的なモノとして実現する役割を担うのが，大工（カーペンタ）です．つまり，アーキテクチャとは，例えばコンクリートやその施工法などの具体的なハードウェアとは独立した，抽象レベルの高い概念であることが特徴です．

これと同じように，コンピュータシステムも，コンピュータを構成する部分的な機構群を一つの設計思想に基づいて組み立て，目的とする計算を実行していく構造物と見なすことができます．このようなコンピュータという構造物の設計思想を建築物の設計思想にたとえて，コンピュータアーキテクチャといいます．コンピュータアーキテクチャという概念を導入することによって，場当たり的に各構成部品を寄せ集めるようなアンバランスなシステムをつくるのではなく，アーキテクチャというトップダウンの観点からシステム全体のバランスを見通した最適設計を行うことを狙っています．コンピュータアーキテクチャは，本来，個別のハードウェアとは独立に検討されるべきですが，実際には，その時代や時点で利用可能な素子や実装技術というハードウェア技術的側面から強い制約を受ける，という現実もあります．

2.5.2　システムアーキテクチャ

コンピュータはさまざまなハードウェアおよびソフトウェアから構成されますが，それら各構成要素にはそれぞれの設計思想である個別のアーキテクチャがあります．ハードウェアであれば，CPUにはCPUアーキテクチャがあり，メモリにはメモリアーキテクチャ，また入出力装置には入出力アーキテクチャがあります．同様に，オペレーティングシステムを構成する各ソフトウェア機能モジュールにも，各モジュールの役割や機能階層などのソフトウェアアーキテクチャがあります．これらのハードウェアおよびソフトウェアを合わせた全体の構成を**システムアーキテクチャ**と呼ぶこともあります．

2.5.3 コンピュータアーキテクチャの目標

コンピュータアーキテクチャの目標は，コンピュータを高速化・高機能化し，大きなデータを扱えるようメモリを大容量化し，かつ計算処理を高信頼化してシステム全体を高性能化することにあります。そのためには，計算対象とする分野に特化したコンピュータを設計すること，すなわち設計の専用化が求められます。しかし，この専用化を進めれば進めるほどシステムは柔軟性を失い，コンピュータシステムとしての汎用性は低下することになります。これとは逆に，コンピュータシステムの汎用化を追求すればシステムの高性能化が阻害されてしまいます。このように，コンピュータアーキテクチャを考える上では，専用化と汎用化のバランス点を適切に見通すことがとても重要です。

2.5.4 ハードウェアとソフトウェアのトレードオフ

コンピュータシステムは，**ハードウェアが実現する機能群**と**ソフトウェア**が実現する機能群によって構成されます。コンピュータを構成するハードウェアとは，電子部品によって実現される機能群です。例えば，CPUやメモリ，入出力装置などがあります。コンピュータを構成するソフトウェアとは，コンピュータに与える命令やデータ，すなわちプログラムによって実現する機能群であり，とりわけ**オペレーティングシステム**（operating system，**OS**）は**コンピュータ動作の基本となる重要なソフトウェア**です。

ハードウェアとソフトウェアを合わせたシステムアーキテクチャでは，ハードウェアとソフトウェアにそれぞれどのような機能を担わせるのかというトレードオフがあります。一方を追求すればするほど，もう一方を犠牲にせざるを得ない状況をトレードオフといいます。高速処理といったシステム性能を追求すれば，必要な機能を専用化/ハードウェア化する必要がありますが，それではシステムの柔軟性/汎用性が失われてしまいます。システムの柔軟性/汎用性を確保するためには，できるだけソフトウェアで機能を実現するほうがよく，汎用性の高いソフトウェアを開発すればそのソフトウェア資源は他のハードウェアでも稼働するため，ソフトウェアの資源継承が可能となります。さら

に，システム製造・運用コストの低減にもつながります。

しかし，システム性能と柔軟性/汎用性を同時に満たすことは難しく，どこかにバランス点を設定する必要があります。

2.6 高性能コンピュータ

2.6.1 高性能コンピュータへの期待

技術の進展に伴ってコンピュータの性能が向上すると，コンピュータ応用技術の範囲が広がり，さらにコンピュータ性能への期待が高まります。このような繰返しによって，コンピュータ技術は急速に進展しました。

高速計算への要請もますます高まり，コンピュータの性能競争が世界中で進んでいます。特に，数値シミュレーションの分野において高性能コンピュータに対する期待が大きいといえます。例えば，気象・環境科学分野では地球の大気循環モデルによる気象予測，航空・宇宙工学分野では流体力学計算による航空機の構造設計，化学・材料科学分野では分子軌道法・分子動力学法を用いた粒子計算，また高エネルギー物理学分野では量子色力学・格子ゲージ理論における量子解析，さらにビッグデータといわれる大量データの解析など，高性能コンピュータに対する期待は広がる一方です。

このような幅広い要請を受けて，論理素子や記憶素子といった半導体技術，記憶部の階層化や並列化といったアーキテクチャ技術，あるいはOSやコンパイラの最適化といったソフトウェア技術，計算量削減や並列計算といったアルゴリズム技術など，ハードウェア/ソフトウェアそれぞれの構成要素の性能を向上させるための技術開発が，同時並行的に進められています。

2.6.2 スーパーコンピュータ

スーパーコンピュータ（super computer）とは，その時代における演算能力が最高性能である計算機を指し，毎年，6月と11月にTOP500という性能ランキングが発表されています。コンピュータの性能として重要な演算能力は，

1秒間当りの浮動小数点演算回数を表すFLOPS（floating-point operations per second）を用いるのが一般的です。一方，使い方によっては別の性能指標が適切です。近年では，データ探索（ノードとエッジによるグラフ構造）性能によるベンチマークで評価するGraph500が用いられています。また，"力技"で性能を向上させると膨大な消費電力を必要となるため，ベンチマーク値を，それに必要な消費エネルギーで割った値で評価するGreen500というランキングも発表されています。

1980年代までは，演算能力の単位がメガFLOPS（メガ＝10^6）でしたが，1990年代にはギガFLOPS（ギガ＝10^9）となり，1990年代終わりごろにはテラFLOPS（テラ＝10^{12}）となりました。スーパーコンピュータで用いられる技術としては，1970年代にはベクトルパイプライン処理が可能なベクトル計算機が登場しました。この技術は，配列データを並行的に処理できることが特徴であり，大量のデータを高速で同時計算できるため，科学計算などに用いられました。

ベクトル処理を特徴とするスーパーコンピュータとしては，1976年にアメリカCRAY社が開発したCRAY-1が有名です。CRAY-1の最高演算性能は160 MFlopsでした。2012年に開発された6コアのマイクロプロセッサの演算能力は約150 GFlopsで，これと比較すると1/1 000の性能ですが，当時の演算性能でいえば，一般的なコンピュータの100倍程度の演算性能がありました。

1990年代になると，並列計算機（parallel computer）が商用化されました。並列計算機とは，一つのタスクを複数のプロセッサで処理する方式で，多数のプロセッサを同時に稼働させることによって高速演算を達成します。1 TFlopsを超えるスーパーコンピュータを実現させるためにはベクトル処理方式では限界があり，並列計算のほうが有利なことから，並列計算は現在のスーパーコンピュータでも主流の技術です。市販のマイクロプロセッサでも並列処理技術が取り入れられ，**マルチコアプロセッサ**（multi core processor）と呼ばれています。

わが国のスーパーコンピュータでは，2011年に理化学研究所の「京」が演算速度10.51ペタFLOPS（ペタ＝10^{15}）で，世界のトップとなりました。「京」のCPUの総数は88 128個で，これらのCPUが864個のラックに配置されて

います。

2.6.3　次世代コンピュータ

現代のコンピュータはすべて，シリコン基板を用いた半導体素子を使っています。この半導体素子はムーアの法則に沿って性能が向上し，さらには並列化などさまざまな工夫によって性能を高めてきましたが，それにも限界があります。

ベクトル化による高速化も，CPU 設計の困難さにより CPU 単体の 100 倍程度の高速化が限界です。CPU を並列にして計算するコンピュータも，CPU 数で 10 万個程度が上限と考えられます。また，CPU の速度は，クロック周波数で数 10 ギガヘルツが上限です。これは半導体素子の中を移動する電子の移動速度は光速を超えることができないため，1 クロック当りの**信号の移動距離に限界**があるためです。さらに，半導体素子の高速化，**集積化による発熱量の問題**があります。1 個の CPU は，消費電力は 100 W 程度で，大きさは概ね 1 cm^2 です。加熱して使う調理器具である"ホットプレート"の消費電力は概ね 10 W/1 cm^2 なので，CPU はこの 10 倍もの発熱量となります。なお，人間の脳が消費する電力は約 20 W といわれていますが，「京」は 12.6 MW（一般家庭の 3 万世帯分に相当する消費電力）です。高速計算への要請はビッグデータといわれる大量の情報を扱う処理など，新たな課題が生まれる度に今後ともさらに高まると予測されます。

そこで，これまでのコンピュータの原理とはまったく異なる，量子コンピュータなどの新しいコンピュータの開発が進められています。量子コンピュータは，量子力学的な動作原理を用いて高速な並列処理を実現するもので，火星探査ロボットの行動計画の最適化，タンパク質解析，都市部の交通量最適化などへの応用が期待されています。

2 章の参考文献：
1) アラン W. ビアマン：やさしいコンピュータ科学，アスキー（1993）
2) 稲垣耕作：コンピュータ科学の基礎，コロナ社（2002）
3) 赤間世紀：コンピュータ時代の基礎知識，コロナ社（2009）

3 計算する機械の原理
―論理代数と論理演算―

　コンピュータは単純な計算だけではなく，論理を使って言語処理などの計算をすることもできます。ここが電卓とは大きく異なる点です。この章では，コンピュータという「機械」が計算したり判断したりするということがどのような原理で達成されるのか，コンピュータの内部ではどのような電子回路が動いているのかなど，計算する機械の原理について述べます。コンピュータの動作原理の基礎となる論理代数および論理演算，各演算を実現する論理回路などについて概説します。

3章のキーワード：
記号論理学，命題，論理演算，命題論理，真理値表，ブール代数，論理変数，論理回路，組合せ回路，半加算器，全加算器

3.1 記号論理学とは

3.1.1 論理学とその記号化

　コンピュータは機械であり，その機械があたかも人間のように複雑な論理をたどったり，物事の判断を行ったりできるのはなぜでしょうか。その答えが**記号論理学**（symbolic logic）にあります。与えられた問題を解いて答えに至るまでの道筋（論理）を設定したり，あるいは判断条件を設定したりするなど，認知的な作業をコンピュータに実行させるためには，論理を形式化し，数学的（機械的）な手続きとして表現する必要があります。

　記号論理学では，思考の手順である論理を記号化して形式的に表現するとともに，数学的な記号を用いて論理的な計算を行います。つまり，われわれが頭

の中で行っている思考，例えば「AならばBであり，BならばCであるなら，AならばCである」といった論理を記号で表現することによって，論理を数学的に扱うことを可能にしたのが記号論理学です．論理を数学的に扱えるようになるということは，すなわちコンピュータで論理を扱う（計算する）ことができるようになることを意味します．

思考を形式的に表現する試みのルーツは，紀元前のギリシア時代におけるアリストテレスにまで遡ることができますが，論理を記号化して数学的に扱う記号論理学（数理論理学ともいう）はイギリスの数学者ジョージ・ブールによって「ブール代数」として体系化されました（"An Investigation of The Laws of Thought"，1854）．そしてブールの時代から100年近くの時を経た1938年，マサチューセッツ工科大学の修士学生であったクロード・シャノンが，ブール代数の価値を再発見しました．彼は，修士論文「リレーとスイッチング回路のシンボリック解析」の中で，ブール代数の論理演算を，スイッチング回路を用いて実現できることを示したのです．この発見によって，人間の知的生産物であった論理を処理できる機械，「コンピュータ」が実現可能であることが明らかとなりました．

3.1.2 論理演算と真理値表

記号論理学の中では，提示された**命題**（proposition）が「**真**（Truth）」なのか「**偽**（False）」なのかを問題とします．ここでいう「命題」とは，その結果が「真」か「偽」のどちらか一方の値となるような言明文です．命題では「真」と「偽」の両方の値を同時にとることはありません．

では，つぎのような記号論理の例題を考えてみましょう．

例えば，「地球は惑星である．」という命題と，「地球は惑星ではない．」という命題が与えられたとします．これら二つの文は，その主張内容が正反対です．つまり，二つの命題はたがいに相反する言明文であることがわかります．

　　　命題A：地球は惑星である．

　　　命題B：地球は惑星ではない．

したがって,「地球は惑星である。」を命題 A,「地球は惑星ではない。」を命題 B とすれば,命題 B は命題 A の否定形であることがわかります。つまり

$B = A$ の否定形 $= (\text{NOT})A$

ということになります。

表 3.1 は,これらの真理関係をまとめた表で,論理学ではこの表を**真理値表**(truth table)と呼びます。この真理値表には,命題 A と演算 $(\text{NOT})A$ に関するすべての場合が網羅されています。

表 3.1 A と $(\text{NOT})A$ の真理関係

命題 A	$(\text{NOT})A$
真	偽
偽	真

表 3.1 の真理値表で,最上段は命題(左側)およびその**論理演算**(logical operation)(右側)を示しており,2 段目および 3 段目は真偽の値を示しています。まず 2 段目を見ると,もし命題 A が「真」であるなら,その否定形である $(\text{NOT})A$ は「偽」です。3 段目では,もし命題 A が「偽」であれば,その否定形である $(\text{NOT})A$ は「真」ということになります。実際(天文学的)には,地球は太陽系の第 3 惑星なので,この例題では命題 A が「真」,命題 A の否定形である $(\text{NOT})A$ は「偽」という真理値表の 2 段目の値が正しいということになります。

論理学では,一つの論理と別の論理との関係も扱います。例えば,つぎのような親子の同居関係に関する二つの命題 A および命題 B が与えられたとします。

命題 A:自分と母は同居している。

命題 B:母と父は同居している。

今度は,これら二つの命題の論理積について考えてみましょう。論理積とは,複数の命題(この例題では命題 A と命題 B)が提示された場合,与えられた複数の命題のいずれもが「真」であることを示す論理演算です。つまり論理積「$A(\text{AND})B$」とは「A かつ B」を表しています。

3.1 記号論理学とは

「親子の同居関係」において「A かつ B」という論理演算では,「自分と母は同居しており,かつ,母と父は同居している。」という命題が「真」か「偽」かを問います。二つの命題が共に「真」であれば,結局,自分と母と父の3人が同居していることになるはずです。

表3.2は,命題 A と命題 B の論理積の真理関係をまとめた真理値表です。この真理値表には,命題 A,命題 B および論理演算 $A(\text{AND})B$ に関するすべての場合が網羅されています。

表3.2 命題 A と命題 B の論理積の真理関係

命題 A	命題 B	$A(\text{AND})B$
真	真	真
真	偽	偽
偽	真	偽
偽	偽	偽

表の最上段はそれぞれの命題(左側2列)およびその論理演算(右側)を示しており,2段目以下は真理値を示します。

上から2段目では,A が「真」で B も「真」の場合には「A かつ B」も「真」であることが記述されています。つまり「自分と母は同居している。」および「母と父は同居している。」が共に「真」であれば,「自分と母は同居しており,かつ,母と父は同居している。」も「真」であるということです。

一方,上から3段目では,A が「真」であっても B が「偽」であり,この場合には「A かつ B」すなわち「自分と母は同居しており,かつ,母と父は同居している。」は「偽」となります。実際,自分と母が同居であっても母と父が同居でないなら「自分と母と父が同居」という論理は成立しないことがわかります。

上から4段目で A が「偽」で B が「真」の場合は,上から3段目の場合と同様で「A かつ B」は「偽」となります。最後に,上から5段目では A が「偽」で B も「偽」です。どちらも「偽」なので「A かつ B」も「偽」となります。

記号論理学では,各命題およびそれらの論理演算を記号で表します。例え

ば，表3.2において「真」を「T」で，「偽」を「F」で表記し，$A(\text{AND})B$ を「$A \wedge B$」と表記すれば，表3.2は，**表3.3**のようにすべて記号を用いて表すことができます。

表3.3 命題 A と命題 B の論理積の真理関係（記号による表記）

A	B	$A \wedge B$
T	T	T
T	F	F
F	T	F
F	F	F

表3.3に示したように，各命題およびそれらの演算，すなわち論理を記号で表すことによって論理の関係を機械的（数学的）に導き出すことができるようになります。実は表3.3の真理値表は，「家族が同居しているのか，同居していないのか」という命題の中身とは関係なく，機械的に「T」か「F」の値が決まります。このように，記号論理学を用いることによって思考の手続きを機械的な計算で実現することができます。

3.2 命 題 論 理

記号論理学には，その論理の表現範囲の違いによって「命題論理」と「述語論理」があります。この節では，コンピュータの原理に直結する命題論理について概説します。

命題がもつ真理値（真または偽）のみに着目して論理を展開するのが**命題論理**（propositional logic）です。また，命題の論理演算を代数的に処理する学問分野が**論理代数**（logic algebra）です。

〔1〕 **原子命題と複合命題**　命題論理では，一つの命題を「真」または「偽」の値をとる変数（命題変数）と見なし，それら変数を論理記号で結合（論理結合子）して論理演算を行い，複合命題を構成します。真偽を問うことのできる最小の（それ以上，分解することができない）命題を**原子命題**と呼び

3.2 命題論理

ます。

　例えば，「A：地球は惑星である。」や「B：太陽は恒星である。」は原子命題ですが，「A：地球は惑星である。」をさらに分解して「C：惑星である」だけを取り出してしまうと，もはや C の真偽を問うことができなくなり，これは命題とはいえません。また「A(AND)B」は「A：地球は惑星である。」および「B：太陽は恒星である。」が同時に成り立つということ，つまり「地球は惑星である，かつ，太陽は恒星である」という**複合命題**となります。すなわち「A：地球は惑星である。」および「B：太陽は恒星である。」は原子命題であり，「地球は惑星である，かつ，太陽は恒星である」は複合命題です。

〔**2**〕 **論理結合子**　各命題を結合して論理演算を行う**論理結合子**には，つぎに示すようなものがあります。

(1) **論理否定**　与えられた命題の真と偽を反転する論理演算子が**論理否定**です。例えば，「A：地球は惑星である。」という命題 A に対し，その否定は(NOT)A であり「(NOT)A：地球は惑星ではない。」を意味します。論理否定を表す記号は「$\overline{A}$」が用いられますが，「$\neg A$」や「$\sim A$」が用いられることもあります。A が「真」であれば $\overline{A}$ は「偽」，A が「偽」であれば $\overline{A}$ は「真」です。

(2) **論理積**　与えられた二つの命題がいずれも真である場合には真となり，それ以外には偽となるような論理演算子が**論理積**です。例えば，「A：地球は惑星である。」と「B：太陽は恒星である。」が与えられたとき，二つの命題の論理積は「A(AND)B」であり「A(AND)B：地球は惑星である，かつ，太陽は恒星である。」を意味します。論理積を表す記号は「$A \cdot B$」や「$A \wedge B$」が用いられます。論理積が「真」となるのはすべての命題が「真」である場合のみであり，「偽」の命題を含む論理演算はすべて「偽」です。

(3) **論理和**　与えられた二つの命題のいずれか一方あるいは両方が真のときに真となり，いずれも偽のときに偽となるような論理演算子が**論理和**です。例えば，「A：地球は惑星である。」と「B：太陽は恒星であ

る。」が与えられたとき，二つの命題の論理和は「A(OR)B」であり「A(OR)B：地球は惑星である，または，太陽は恒星である。」を意味します。論理和を表す記号は「$A+B$」や「$A \vee B$」が用いられます。論理積が「偽」となるのはすべての命題が「偽」である場合のみであり，「真」の命題を含む論理演算はすべて「真」です。

この他にも，論理的含意および論理的同値という論理結合子がありますが，コンピュータの演算で重要な論理代数（ブール代数）では，論理否定，論理積，論理和がディジタル論理回路を設計する上で特に重要です。

3.3 ブール代数（論理代数）

前節で述べたとおり，命題の論理演算を代数的に処理する学問分野が論理代数であり，論理代数によって命題論理を数式として機械的に取り扱うことができます。ブールによって体系化された**ブール代数**では，「0」または「1」の2値を**論理変数**（logical operation）の真偽に対応させて論理学を代数的に扱います。命題に演算規則を適用し，三段論法を代数的に処理するのがブール代数です。

ブール代数を用いることによって，複雑な命題論理を各命題の中身（意味）に立ち入ることなく，機械的な演算操作によって単純化することができます。ブール代数の演算を用いることで，一見複雑な命題論理を単純な論理に帰着することが可能です。このような特性を利用して，論理回路をシンプルな設計（トランジスタの数を減らすなど）としたい場合など，ブール代数が用いられています。

3.3.1 論 理 変 数

ブール代数では，命題を例えば記号 $A, B, C, ...$ というように論理変数で表現します。ここで

・もし命題が真であれば "1"

・もし命題が偽であれば"0"

というように命題の真偽を2進数で表します。

例えば「講義が始まる」という命題を論理変数Aとしたとき

・もし，実際に講義が始まった場合："A は真"であり，$A = 1$

・もし，講義が始まらなかった場合："A は偽"であり，$A = 0$

というように，論理変数Aはそれぞれの場合に応じて特定の値をとります。

3.3.2 ブール代数の公式

A, B, C を論理変数とすると，ブール代数にはさまざまな公式があります。

表3.4の各行に示した公式では，「+（論理和）」と「・（論理積）」および「1」と「0」を入れ替えた式がそのまま成立します。この関係を**双対性**と呼びます。

表3.4 ブール代数の公式

交換の法則	$A + B = B + A$ $A \cdot B = B \cdot A$
結合の法則	$A + (B + C) = (A + B) + C$ $A \cdot (B \cdot C) = (A \cdot B) \cdot C$
恒等の法則	$A + 1 = 1$ $A \cdot 1 = A$ $A + 0 = A$ $A \cdot 0 = 0$
同一の法則	$A + A = A$ $A \cdot A = A$
補元の法則	$A + \overline{A} = 1$ $A \cdot \overline{A} = 0$
ド・モルガンの法則	$\overline{A + B} = \overline{A} \cdot \overline{B}$ $\overline{A \cdot B} = \overline{A} + \overline{B}$
分配の法則	$A \cdot (B + C) = A \cdot B + A \cdot C$ $A + (B \cdot C) = (A + B) \cdot (A + C)$
吸収の法則	$A + A \cdot B = A$ $A \cdot (A + B) = A$
復元の法則	$\overline{\overline{A}} = A$

3.3.3 ブール代数を用いた推論のプロセス

ブール代数による論理演算を用いて，与えられた問題を解く推論を実際に行ってみましょう．

【問 題】

二つの実験Aおよび実験Bがあり，実験協力者として求められる参加の条件が決められています．実験Aおよび実験Bの両方に参加できる実験協力者の条件を求めなさい．

実験協力者に求められる条件：
・実験Aへの参加条件：女子学生，またはHCIを履修した男子学生
・実験Bへの参加条件：離散数学の履修者，またはHCI履修者（HCIとは，Human Computer Interactionの略称です）

【答】（ブール代数による推論）

この問題を論理演算で解くためには，まずは実験協力者に求められる条件を記号で表記します．

・実験Aへの参加条件の記号表記：

　　　女子学生であること→条件「F」と表記

　　　HCIの履修者であること→条件「H」と表記

　　　男子学生であること→「F」の否定なので条件「$\overline{F}$」と表記

したがって，実験Aへの協力条件 P_A はつぎのとおり記述できます．

$$P_A = F + H \cdot \overline{F}$$

・実験Bへの参加条件の記号表記：

　　　離散数学の履修者であること→条件「D」と表記

　　　HCIの履修者であること→条件「H」と表記

したがって，実験Bへの協力条件 P_B はつぎのとおり記述できます．

$$P_B = D + H$$

つぎに，問題で求められている条件「実験Aおよび実験Bの両方に参加できる」を論理式で表現します．

実験Aと実験Bの両方に参加するためには，両方の条件を同時に満たす必要があるので，両条件を満たす論理式 $P_{A\&B}$ は P_A と P_B の論理積です．

$$P_{A\&B} = P_A \cdot P_B$$
$$= (F + H \cdot \overline{F}) \cdot (D + H)$$
$$= F \cdot (D + H) + H \cdot \overline{F} \cdot (D + H)$$
$$= F \cdot D + F \cdot H + H \cdot \overline{F} \cdot D + H \cdot \overline{F} \cdot H$$

交換の法則および同一の法則より，$H \cdot \overline{F} \cdot H = H \cdot \overline{F}$ だから

$$= F \cdot D + F \cdot H + H \cdot \overline{F} \cdot D + H \cdot \overline{F}$$
$$= F \cdot D + H \cdot (F + \overline{F}) + H \cdot \overline{F} \cdot D$$
$$= (F + \overline{F} \cdot H) \cdot D + H \cdot (F + \overline{F})$$

補元の法則より，$F + \overline{F} = 1$ および $F + \overline{F} \cdot H = F + H$ だから

$$= (F + H) \cdot D + H$$
$$= F \cdot D + (1 + D) \cdot H$$

恒等の法則より，$1 + D = 1$ だから

$$= F \cdot D + H$$

したがって，論理演算によって計算された答えは「離散数学を履修した女子，またはHCIの履修者」です．論理式によって機械的に計算された結果は，求められている条件を確かに満たすことがわかります．このように，推論という人間が行う認知作業を機械的な論理演算によって達成できました．

3.4 論理演算を実現する論理回路

論理回路（logic circuit）とは，「0」または「1」を入力値として与えられたとき，遂行すべき論理演算に対応して「0」または「1」を出力する回路です．コンピュータの基礎となっているブール代数では，NOT，AND，ORの三つの基本演算によってすべての論理演算を実現することが可能です．すなわち，NOT，AND，ORを実現するスイッチング回路をつくることができれば，コンピュータをつくることができるということです．

では,基本演算を実現する回路とはどのようなものか,次節で検討してみましょう。

3.4.1 NOT 演算回路

表 3.5 は,**NOT 演算**の真理値表です。このような演算を実行できる電子回路とはどのような回路でしょうか。

表 3.5 NOT 演算の真理値表

A	$\overline{A}$
0	1
1	0

図 3.1 は,NOT 演算を実行するスイッチ回路の例です。図 3.1 の「IN」は真理値表の「A」に,「OUT」は真理値表の「$\overline{A}$」に対応しています。この回路の上部には電源「V_h」が接続されており,また最下部は接地されているため「V_l」の電位はつねに 0 ボルトです。回路の中ほどにはスイッチが 2 個接続されています。これらスイッチのうち,上部側のスイッチは「IN」への入力信号が「0」のときには「閉じ」,入力信号が「1」のときには「開く」ように動作

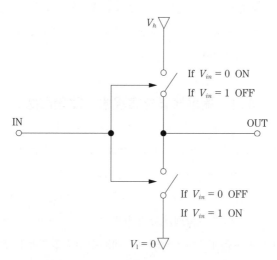

図 3.1 NOT 演算を実現するスイッチ回路

3.4 論理演算を実現する論理回路

するとします．下部側のスイッチはこれとは逆の動作で，「IN」への入力信号が「0」のときには「開き」，入力信号が「1」のときには「閉じ」るように動作するとします．このようなスイッチ回路を表 3.5 の真理値表のとおりに動かしてみましょう．まずは，入力信号「IN」を「0」にします．このとき，スイッチ（上）は「閉」でスイッチ（下）は「開」となります．つまり，回路の出力「OUT」は接地から切り離され，電源「V_h」に接続された状態になるので，出力「OUT」は「1」となります．つぎに，入力信号「IN」を「1」にすると，スイッチ（上）は「開」でスイッチ（下）は「閉」となります．このとき，出力「OUT」は接地面に接続され，電源「V_h」から切り離された状態になるので，出力「OUT」は「0」となります．

つまり

　　　入力信号「IN」が「0」⇒ 出力信号「OUT」は「1」

　　　入力信号「IN」が「1」⇒ 出力信号「OUT」は「0」

となって，表 3.5 の真理値表を実現できることがわかります．では，図 3.1 の動作を実現する電子回路をつくることはできるのでしょうか．

　実は，**MOS-FET**（metal-oxide-semiconductor field-effect transistor）という電界効果トランジスタを用いて図 3.1 の回路をそのまま実現することが可能です．MOS-FET にはたがいに極性が逆の 2 種類の素子，p-MOS と n-MOS があります．

　図 3.2 は MOS-FET の動作を示しています．p-MOS では，ゲート V_{in} への入力信号が「0」の場合にスイッチが「閉」状態となり，「1」の場合に「開」状態となります．n-MOS は p-MOS とは逆の極性をもち，ゲート V_{in} への入力信号が「0」の場合にスイッチが「開」状態となり，「1」の場合に「閉」状態となります．

　図 3.3 は MOS-FET を用いて構成した NOT 回路の例です．図 3.3 において上側の MOS-FET が p-MOS（ゲートの入力部分に丸記号がある），下側の MOS-FET が n-MOS です．

　図 3.3 の回路はつぎのように動きます．

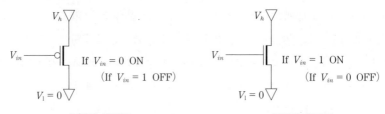

図 3.2 MOS-FET の回路動作

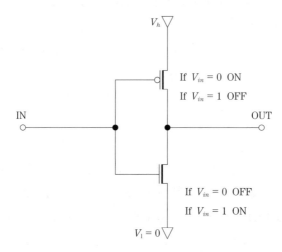

図 3.3 MOS-FET を用いた NOT 回路の例

入力信号「IN」が「0」
　　　　⇒（上が ON／下が OFF）⇒ 出力信号「OUT」は「1」
入力信号「IN」が「1」
　　　　⇒（上が OFF／下が ON）⇒ 出力信号「OUT」は「0」

つまり，MOS-FET を用いた電子回路によって NOT 演算を実行する論理回路（インバータ，**NOT 回路**）をつくることができました．

3.4.2　AND 演算回路

AND 回路および **OR 回路**も，MOS-FET を用いた電子回路によって実現することが可能です．ただし，回路のつくりやすさという観点から，AND 回路

およびOR回路を直接つくるのではなく，**NAND回路**（NOT-AND回路）および**NOR回路**（NOT-OR回路）をNOT回路で反転させる構成とするのが一般的です。

表3.6は，NAND演算の真理値であり，左カラムから，入力A，入力B，$A \cdot B$，およびNANDである$\neg(A \cdot B)$を示します。さらに，このNAND出力をNOT回路で反転させたのが右端のカラムです。この真理値表からわかるとおり，$AND(A, B)$の出力と$\neg(NAND(A, B))$の出力が一致しています。

表3.6 NAND演算の真理値表

A	B	$AND(A, B)$	$NAND(A, B)$	$\neg(NAND(A, B))$
0	0	0	1	0
0	1	0	1	0
1	0	0	1	0
1	1	1	0	1

図3.4は，MOS-FETを用いたNAND回路の例です。図3.4のNAND回路では，入力がA（IN_1）およびB（IN_2）の2系統です。NOT回路の例と同様に

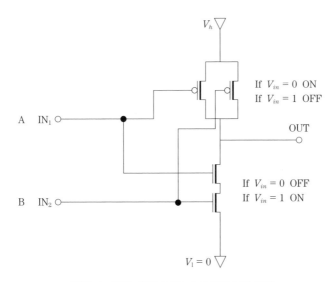

図3.4 MOS-FETを用いたNAND回路の例

上側の MOS-FET が p-MOS（ゲートの入力部分に丸記号がある），下側の MOS-FET が n-MOS です。上側の二つの p-MOS には，それぞれ入力 A および入力 B が接続され，並列回路を構成しています。並列回路なので，入力 A または入力 B のいずれかが 0 であればこの並列回路は「閉」，すなわち導通状態となります。この並列回路が「開」となるのは，入力 A および入力 B の両方が 1 のときのみです。

つぎに，下側の n-MOS には，それぞれ入力 A および入力 B が接続され，直列回路を構成しています。直列回路なので，入力 A または入力 B のいずれかが 0 であればこの直列回路は「開」，すなわち遮断状態となります。この直列回路が「閉」となるのは，入力 A および入力 B の両方が 1 のときのみです。

では，図 3.4 の回路を，表 3.6 の NAND 演算の真理値表に沿って動かしてみましょう。まずは真理値表の最上段の組合せで，A と B が $(0, 0)$ の場合，二つの p-MOS（上側）はどちらも「閉」となり，二つの n-MOS（下側）はどちらも「開」となります。つまり，出力 OUT は電源 V_h と直結状態となるため，出力 OUT の電位は「1」です。

真理値表で A と B が $(0, 1)$ の場合です。まず p-MOS（上側）ですが，A が 0 なので A 側の p-MOS は「閉」，B が 1 なので B 側の p-MOS は「開」です。p-MOS（上側）は並列回路なので，この場合には並列回路全体としては「閉」状態となります。一方，n-MOS（下側）ですが，A が 0 なので A 側の n-MOS は「開」，B が 1 なので B 側の n-MOS は「閉」です。n-MOS（下側）は直列回路なので，この場合には直列回路全体としては「開」状態となります。つまり，出力 OUT は電源 V_h と直結状態となるため，出力 OUT は「1」です。

真理値表で A と B が $(1, 0)$ の場合ですが，これは A と B が $(0, 1)$ のときの A と B が入れ替わっただけなので，回路としての動作は $(1, 0)$ の場合と同様で出力 OUT は「1」です。

最後の組合せで A と B が $(1, 1)$ の場合ですが，p-MOS（上側）はどちらも「開」，n-MOS（下側）はどちらも「閉」です。したがって，出力 OUT は接地面と直結されますので出力は 0 となります。

以上の回路動作をまとめると，つぎのとおりです。

　　入力信号(A, B)が$(0, 0)$ ⇒ 出力信号「OUT」は「1」
　　入力信号(A, B)が$(0, 1)$ ⇒ 出力信号「OUT」は「1」
　　入力信号(A, B)が$(1, 0)$ ⇒ 出力信号「OUT」は「1」
　　入力信号(A, B)が$(1, 1)$ ⇒ 出力信号「OUT」は「0」

この結果は，表 3.6 の真理値表の NAND 出力と一致します。つまり，図 3.4 に示した MOS-FET を用いた電子回路によって，NAND 演算を実行する論理回路をつくることができました。この出力の先に NOT 演算回路を付加することで，AND 出力が得られます。

3.4.3　OR 演 算 回 路

表 3.7 は，NOR 演算の真理値であり，左カラムから，入力 A，入力 B，$A + B$，および NOR である $\neg(A + B)$ を示します。さらに，この NOR 出力を NOT 回路で反転させたのが右端のカラムです。この真理値表からわかるとおり，$\mathrm{OR}(A, B)$ の出力と $\neg(\mathrm{NOR}(A, B))$ の出力が一致しています。

表 3.7　NOR 演算の真理値表

A	B	$\mathrm{OR}(A, B)$	$\mathrm{NOR}(A, B)$	$\neg(\mathrm{NOR}(A, B))$
0	0	0	1	0
0	1	1	0	1
1	0	1	0	1
1	1	1	0	1

図 3.5 は，MOS-FET を用いた NOR 回路の例で，入力は A（IN$_1$）および B（IN$_2$）の 2 系統です。上側の二つの p-MOS には，それぞれ入力 A および入力 B が接続されますが，NAND 回路の場合と異なり p-MOS（上側）が直列回路を構成しています。直列回路なので，入力 A または入力 B のいずれかが 1 であればこの回路は「開」，すなわち遮断状態となります。この直列回路が「閉」となるのは，入力 A および入力 B の両方が 0 のときのみです。

つぎに，下側の n-MOS には，それぞれ入力 A および入力 B が接続され，並

54   3. 計算する機械の原理 —論理代数と論理演算—

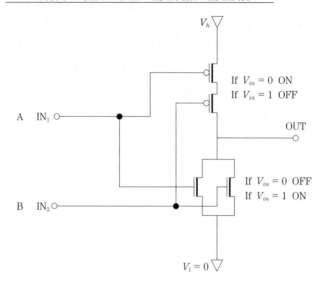

図3.5 MOS-FET を用いた NOR 回路の例

列回路を構成しています．並列回路なので，入力 A または入力 B のいずれかが 1 であればこの並列回路は「閉」，すなわち導通状態となります．この回路が「開」となるのは，入力 A および入力 B の両方が 0 のときのみです．

では，図 3.5 の回路を，表 3.7 の NOR 演算の真理値表に沿って動かしてみましょう．

まずは真理値表の最上段の組合せで，A と B が $(0, 0)$ の場合，二つの p-MOS（上側）はどちらも「閉」となり，二つの n-MOS（下側）はどちらも「開」となります．つまり，出力 OUT は電源 V_h と直結状態となるため，出力 OUT の電位は「1」です．

つぎに真理値表で A と B が $(0, 1)$ の場合です．まず p-MOS（上側）ですが，A が 0 なので A 側の p-MOS は「閉」，B が 1 なので B 側の p-MOS は「開」です．p-MOS（上側）は直列回路なので，回路全体としては「開」状態となります．一方，n-MOS（下側）ですが，A が 0 なので A 側の n-MOS は「開」，B が 1 なので B 側の n-MOS は「閉」です．n-MOS（下側）は並列回路なので，この場合には直列回路全体としては「閉」状態となります．つまり，出力

OUTは接地面V_1と直結状態となるため,出力OUTは「0」となります。

真理値表でAとBが$(1, 0)$の場合,AとBが$(0, 1)$のときのAとBが入れ替わっただけなので,回路としての動作は$(1, 0)$の場合と同様で出力OUTは「0」です。

AとBが$(1, 1)$の場合ですが,p-MOS(上側)はどちらも「開」,n-MOS(下側)はどちらも「閉」です。したがって,出力OUTは接地面と直結されますので出力は0となります。

以上の回路動作をまとめると,つぎのとおりです。

　　　入力信号(A, B)が$(0, 0)$ ⇒ 出力信号「OUT」は「1」
　　　入力信号(A, B)が$(0, 1)$ ⇒ 出力信号「OUT」は「0」
　　　入力信号(A, B)が$(1, 0)$ ⇒ 出力信号「OUT」は「0」
　　　入力信号(A, B)が$(1, 1)$ ⇒ 出力信号「OUT」は「0」

この結果は,表3.7の真理値表のNOR出力と一致します。つまり,図3.5に示したMOS-FETを用いた電子回路によって,NOR演算を実行する論理回路をつくることができました。この出力の先にNOT演算回路を付加することで,OR出力が得られます。

3.4.4　論理回路と回路記号

この章では,ブール代数を実現する論理回路NOT/AND/ORを用いることによって,すべての論理演算が実現できることを示しました。また,各論理回路を実現する電子回路が実現可能であることも示しました。一般的に,ブール代数で使用する論理回路,および関連するNAND/NOR/XORなどの論理回路の記述では,トランジスタを用いた電子回路をそのまま表記するのではなく,表記のための記号が用いられます。本項では,論理回路で使用される**回路記号**および真理値表をまとめます。

表3.8で,**XOR**とは**排他的論理和**(exclusiveor)という演算であり,EXORまたはEORと表記されることもあります。XORは,二つの入力の一方が真で他方が偽の場合に真となり,両方が真または偽の場合には偽となる論理

表3.8 論理回路で使用される回路記号および真理値表

名称	論理式	回路記号	真理値表		
NOT	$\overline{A}$	$A \longrightarrow \!\!\triangleright\!\circ\!\longrightarrow \overline{A}$	A	$\overline{A}$	
			1	0	
			0	1	
AND	$A \cdot B$		A	B	$A \cdot B$
			0	0	0
			0	1	0
			1	0	0
			1	1	1
OR	$A + B$		A	B	$A + B$
			0	0	0
			0	1	1
			1	0	1
			1	1	1
NAND	$\overline{A \cdot B}$		A	B	$\overline{A} \cdot \overline{B}$
			0	0	1
			0	1	1
			1	0	1
			1	1	0
NOR	$\overline{A + B}$		A	B	$\overline{A + B}$
			0	0	1
			0	1	0
			1	0	0
			1	1	0
XOR	$A \oplus B$		A	B	$A \oplus B$
			0	0	0
			0	1	1
			1	0	1
			1	1	0
XNOR	$\overline{A \oplus B}$		A	B	$\overline{A \oplus B}$
			0	0	1
			0	1	0
			1	0	0
			1	1	1

演算です．また，**XNOR** は XOR の出力を反転した形の結果が得られる論理演算です．

3.5 組合せ回路

3.5.1 半加算器

組合せ回路（combinatorial logical circuit）とは，NOT/AND/OR で構成される論理回路で，回路の出力が過去の入力履歴とは関係なく現時点での入力値のみで決まる回路です．これに対し，論理回路の出力が過去の入力履歴に依存する回路を**順序回路**（sequential logic circuit）と呼びます．

この項では，組合せ回路の例として2進数の足し算を実行する加算器について学びます．足し算なので，入力は A と B の2系統としましょう．**表 3.9** は2進数を加算する論理回路の真理値表です．A と B は入力であり，S（Sum の S）は $A + B$ の和の1桁目の値，C_o（Carry OUT の C_o）は桁上がりを示します．2進数の足し算は，$0 + 0 = 00 / 0 + 1 = 01 / 1 + 0 = 01 / 1 + 1 = 10$ となります．したがって，表 3.9 の S 欄および C_o 欄は，それぞれの加算結果に対応していることがわかります．さらに表 3.9 の S 欄，C_o 欄と表 3.8 の真理値表を比較すると，S 欄は A と B の排他的論理和と，また C_o 欄は A と B の論理積と一致することがわかります．

このことから，2進数1bitの足し算はXOR回路とAND回路を用いて実現できることがわかります．**図 3.6** は，2進数1bitの加算を実現する回路で，

表 3.9　2進数を加算する論理回路の真理値表

入力		出力	
A	B	C_o	S
0	0	0	0
0	1	0	1
1	0	0	1
1	1	1	0

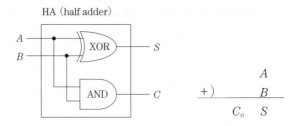

図 3.6 2進数1bitの加算を実現する回路（半加算器）

半加算器（half-adder）と呼ばれています。この回路は，入力 A および B に対し，出力の S および C_o は表3.9の S および C_o と一致します。

3.5.2 全 加 算 器

前項では，排他的論理和および論理積によって1bitの加算を実行する論理回路が設計できることを述べました。しかし，実際の計算では桁上がりなしの1bitは実用性には乏しいといえます。したがって，下位の桁からの桁上がりも考慮した加算回路が必要となりますが，これを実現するのが**全加算器**（full-adder）です。

表3.10は，2進数1bitを加算する全加算回路の真理値表です。表3.9との違いは，入力信号として下位桁からの桁上がり C_i が増えたことです。表3.10では，下位桁からの桁上がりを C_i，上位桁への桁上がりを C_o として両者を区別しています。表3.10に示す入出力を可能とするような論理回路を設計することができれば，桁上がりの処理が可能な加算回路が達成できます。

図3.7(a)は，図3.6で示した半加算器を2個使用して桁上がりを可能とする2進数加算を実現した加算回路であり，これを全加算器と呼びます。図(b)は全加算回路で実施する2進数の加算式を示しており，下位桁から繰り上がってくる C_i が図中に記載されています。図(c)は図(a)の全加算回路で行われる演算を計算式の形で表した図です。

全加算器の図(a)は図(b)の計算式を実行するため，入力 A および入力 B と，下位桁からの桁上がり値を加算する入力 C_i を有しています。この全加算

表3.10 2進数を加算する全加算回路の真理値表

入力			出力	
A	B	C_i	C_o	S
0	0	0	0	0
0	1	0	0	1
1	0	0	0	1
1	1	0	1	0
0	0	1	0	1
0	1	1	1	0
1	0	1	1	0
1	1	1	1	1

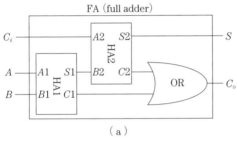
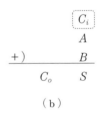
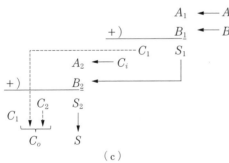

図3.7 2進数1bitの加算を実現する回路(全加算器)

器の中には半加算器 HA1 と HA2 が入っており,入力 A および入力 B は半加算器 HA1 の $A1$ と $B1$ にそれぞれ入力されます。HA1 では $A1$ と $B1$ の加算が実行されますが,図(b)に示したとおり,$A1+B1$ の値に下位からの桁上がり

C_i を加える必要があります.この加算を実行するのが HA2 で,$A2$ (C_i) と $B2$ ($A1 + B1$) の加算が行われます.HA1 で発生した桁上がり,および HA2 で発生した桁上がりは,OR 回路で加算されて C_o に出力されます.

このように,二つの半加算器を用いて全加算器を構成することができます.桁上がりを許容する全加算回路を用いて,複数桁の計算回路を構成することが可能です.**図 3.8** は 4 bit の 2 進数加算を実現する回路例です.最小桁は半加算回路,上位桁は全加算回路で構成されています.図のように全加算器を接続していくことによって,さらに大きな数値を扱う加算器を構成することが可能です.

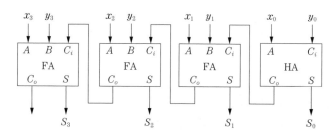

図 3.8　2 進数 4 bit の加算回路例

3 章の参考文献:
1) 小野寛晰:情報科学における論理,情報数学セミナー,日本評論社(1994)
2) 前原昭二:記号論理入門,日評数学選書,日本評論社(2005)
3) 岡部洋一:コンピュータのしくみ,日本放送出版協会(2014)
4) 黒川一夫 他:改訂 電子計算機概論,コロナ社(2001)

4 情報の表現

　この章では，コンピュータの中で情報がどのような形で表現されているのかについて説明します。まず，コンピュータ内で行われている2進数の演算とはどのようなことなのか，われわれが日常生活で使っている10進数とどのように異なるのか，について述べます。また，コンピュータの設計で用いられる8進数/16進数などの数値表現についても述べます。さらに，ビットの概念，情報量やエントロピー，ディジタル符号化の手順，情報圧縮の方式についても概説します。

4章のキーワード：
10進数，2進数，基数，基数変換，補数，浮動小数点表示，ASCII コード，文字コード，情報量，エントロピー，ビット，アナログ，ディジタル，標本化，量子化，符号化，量子化誤差

4.1　コンピュータ内での数値表現

　われわれは，日常生活の中でさまざまな計算を行います。例えば，電車に乗るときの料金が160円だったり，教科書の値段が2 600円だったり，あるいは自宅から最寄り駅までの距離が800メートルだったり。これらはみな10進数で表現されています。**10進法**（decimal system）とは，数値が0, 1, 2, 3, 4, 5, 6, 7, 8, 9の10個から成り立っている数体系です。10進法で記述された数値を**10進数**（decimal number）と呼びます。同様に，N進法で記述された数値を**N進数**と呼びます。

　コンピュータの中では**2進数**（binary number）が使われています。これはアメリカのクロード・シャノンが，2進数での演算を基本とするブール代数の

論理演算を電気信号のプラスとマイナスに対応させることで，機械によって計算を実行できることを明らかにしたことがきっかけでした。

われわれが日常生活で使用する10進数と，コンピュータの中で使用される2進数とはどのように違うのでしょうか．10進数と2進数は相互に変換できるのでしょうか．本節では，10進数と2進数，8進数，16進数について述べます．

4.1.1　10進数と2進数/8進数/16進数

われわれが使っているノイマン型コンピュータの心臓部であるCPU内では，「0」と「1」のみを用いる2進数で表現された命令コードによってさまざまな演算が行われています．また，メモリに格納される信号も0と1の2進数で表現されたパターンです．つまり，コンピュータ内で処理されている数値はすべて0と1のみ，すなわち2進数です．

それでは，2進数と10進数とはどのように異なるのでしょうか．まずは，わかりやすい10進数を例に数体系について考え，そこから類推して2進数について考えていきましょう．

〔1〕**2進数と10進数**　　10進数では，0, 1, 2, 3, 4, 5, 6, 7, 8, 9の10個の数値を用いて数を表します．これら10個の数値は**基数**（cardinal number）と呼ばれます．10進数では0からカウントアップしていき，9に到達する時点で基数がすべて出揃い，さらにカウントアップすると桁が上がって10となります．この10が10個集まればさらに桁が上がって100に，100が10個集まればさらに桁が上がって1 000になります．

例えば，10進数の2 020を位取り記法で表せばつぎのような構成となります．

$$2\,020 = 2 \times 10^3 + 0 \times 10^2 + 2 \times 10^1 + 0 \times 10^0$$

10^3の位	10^2の位	10^1の位	10^0の位
2	0	2	0

あるいは，3.14はつぎのように構成されます．

3.14　　　　　　　 $= 3 \times 10^0 + 1 \times 10^{-1} + 4 \times 10^{-2}$

10^0 の位	10^{-1} の位	10^{-2} の位
3	1	4

一般に，r 進数の数値を N とすると，N はつぎのように記述されます。

$$N = a_n a_{n-1} \cdots a_1 a_0 a_{-1} a_{-2} \cdots a_{-m}$$
$$= a_n r^n + a_{n-1} r^{n-1} + \cdots + a_1 r + a_0 + a_{-1} r^{-1} + a_{-2} r^{-2} + \cdots + a_{-m} r^{-m}$$
$$= \sum_{j=-m}^{n} a_j r^j$$

ここで，a：仮数，r：基数，j：指数，です。

小数点を境に，その左側は指数がプラスの整数部，右側は指数がマイナスの小数部という構成となっています。

では，2 進数の場合にはどのように記述できるでしょうか。2 進数では基数は 0 と 1 のみですので，2 進数でカウントアップすると，0 のつぎが 1 で，この時点で基数がすべて出揃います。さらにカウントアップすると桁が上がって 10 となります。つまり，0 ⇒ 1 ⇒ 10 ⇒ 11 ⇒ 100 ⇒ 101 のようにカウントアップが進んでいくのが 2 進数です。

2 進数を位取り記法で表現すると，例えば 101 であれば

$(101)_2$　　　　　 $= 1 \times 2^2 + 0 \times 2^1 + 1 \times 2^0$

2^2 の位	2^1 の位	2^0 の位
1	0	1

となります。$2^2 = 4$ であり $2^0 = 1$ ですので，2 進数の 101 は 10 進数では $4 + 0 + 1 = 5$ となります。

2 進数で例えば 101 と書いた場合，この数値が果たして 2 進数なのか 10 進数なのか区別ができないため，通常，2 進数を表記する場合には $(101)_2$ のように添字を付加します。

10 進数の 2 020 は 2 進数では，

$$(2\,020)_{10} = (11111100100)_2$$

と変換できます。また，10 進数の 3.14 は

$(3.14)_{10} = (11.00100111101011100001010...)_2$

と変換できます．この2進数の小数部は循環部分を含むため，小数部が延々とつづきます．このような循環小数は，10進数を2進数に変換する際に発生する誤差の原因となります．

〔2〕 **8進数と16進数**　コンピュータの設計では，**8進数**（octal number）や**16進数**（hexadecimal number）も使われます．これは，初期のマイクロプロセッサの処理単位が8ビットや16ビット（8桁あるいは16桁の2進数）だったことが理由です．同様の理由で，8ビットをまとめて**1バイト**（byte）と呼びます．「日本語は2バイトコード」などといわれますが，これは日本語の文字を2バイト，つまり16ビットの識別子を用いて識別していることを意味します．

8進数は基数が8ですので，0, 1, 2, 3, 4, 5, 6, 7 の8個の数値を用いて数を表します．0からカウントアップしていき，7に到達した時点で基数がすべて出揃い，さらにカウントアップすると桁が上がって10となります．

さらに16進数では，基数が16です．われわれが日ごろ使っている10進数では9を超える数は規定されていません．したがって，16進数で9を超える数値に対してはA, B, C, D, E, Fという6個のアルファベットを割り当てています．つまり，10進数と16進数はつぎのように対応します．

10進数		16進数	10進数		16進数
0	⇒	0	8	⇒	8
1	⇒	1	9	⇒	9
2	⇒	2	10	⇒	A
3	⇒	3	11	⇒	B
4	⇒	4	12	⇒	C
5	⇒	5	13	⇒	D
6	⇒	6	14	⇒	E
7	⇒	7	15	⇒	F

16進数では，0からカウントアップしていき，Fに到達する時点で基数がすべて出揃い，さらにカウントアップすると桁が上がって10となります。

4.1.2 基数変換 ―10進数と2進数/8進数/16進数―

われわれが日常用いるのは10進数であるのに対して，コンピュータ内での処理は2進数，さらに8進数，16進数と複数の数体系が存在するため，それらを相互に変換する必要があります。例えば，2進数から10進数などに変換することを**基数変換**（radix conversion）と呼びます。

本節では，10進数と，2進数，8進数，16進数との間での基数変換の方法について述べます。

〔1〕 2進数から10進数への基数変換 2進数の数値$(a_n a_{n-1} \cdots a_1 a_0 a_{-1} a_{-2} \cdots a_{-m})_2$を位取り記法で表すと

$$a_n 2^n + a_{n-1} 2^{n-1} + \cdots + a_1 2^1 + a_0 2^0 + a_{-1} 2^{-1} + a_{-2} 2^{-2} + \cdots + a_{-m} 2^{-m}$$

と表されます。

したがって，2進数の各桁を2^nの形にして，それらをすべて加えることで10進数に変換することができます。具体的には，位取り記法された2進数を整数部と小数部に分け，それぞれを2^nの形にして10進数に変換し，両者を足します。

例えば，2進数$(11111100100.1101)_2$を10進数に変換するには，つぎのように計算すれば2進数を10進数に基数変換することが可能です。

整数部の基数変換

$(11111100100)_2$
$= 1 \times 2^{10} + 1 \times 2^9 + 1 \times 2^8 + 1 \times 2^7 + 1 \times 2^6$
$\quad + 1 \times 2^5 + 0 \times 2^4 + 0 \times 2^3 + 1 \times 2^2 + 0 \times 2^1 + 0 \times 2^0$
$= 1\,024 + 512 + 256 + 128 + 64 + 32 + 0 + 0 + 4 + 0 + 0$
$= 2\,020$

小数部の基数変換

$(0.1101)_2$

$= 1 \times 2^{-1} + 1 \times 2^{-2} + 0 \times 2^{-3} + 1 \times 2^{-4}$

$= 1/2 + 1/4 + 0 + 1/16$

$= 0.8125$

整数部と小数部の加算

整数部と小数部に分け，それぞれを基数変換した値を足し合わせます。

$(11111100100.1101)_2$

$= (2\,020 + 0.812\,5)_{10}$

$= (2\,020.812\,5)_{10}$

〔2〕 **2進数から8進数への基数変換**　8進数は8桁目，すなわち 2^3 で桁が上がります。このように8進数は基数が 2^3 と一致するため，2進数を8進数に基数変換する場合には2進数を3ビット（3桁）ずつ取り出してその3ビットごとに8進数に変換すれば基数変換が完了します。

例えば，$(11111100100.1101)_2$ を8進数に基数変換する場合

整数部の基数変換

$(11\ 111\ 100\ 100)_2$

$= (011\ 111\ 100\ 100)_2$

これらを3ビットずつ8進数に変換すると

$(011)_2 = (3)_8$

$(111)_2 = (7)_8$

$(100)_2 = (4)_8$

$(100)_2 = (4)_8$

8進数位	8^3 の位			8^2 の位			8^1 の位			8^0 の位		
2進数	0	1	1	1	1	1	1	0	0	1	0	0
8進数	3			7			4			4		

したがって，$(11111100100)_2$ を8進数に基数変換すると

$(11111100100)_2 = (3744)_8$

小数部の基数変換

$(0.1101)_2 = (0.110\ 100)_2$

3ビットずつ8進数に変換すると

$(110)_2 = (6)_8$

$(100)_2 = (4)_8$

8進数位	8^{-1}の位			8^{-2}の位		
2進数	1	1	0	1	0	0
8進数	6			4		

したがって，$(0.1101)_2$ を8進数に基数変換すると

$(0.1101)_2 = (0.64)_8$

整数部と小数部の加算

整数部と小数部に分け，それぞれを基数変換した値を足し合わせます．

$(11111100100.1101)_2$

$= (3\ 744 + 0.64)_8 = (3\ 744.64)_8$

〔3〕 **2進数から16進数への基数変換** 16進数は15桁目，すなわち 2^4 で桁が上がります．つまり16進数は基数が 2^4 と一致するため，2進数を16進数に基数変換する場合には2進数を4ビット（4桁）ずつ取り出して，各4ビットごとに16進数に変換すれば基数変換が完了します．

例えば，$(11111100100.1101)_2$ を16進数に基数変換する場合

整数部の基数変換

$(11111100100)_2$

$= (0111\ 1110\ 0100)_2$

これらを4ビットずつ16進数に変換すると

$(0111)_2 = (7)_{16}$

$(1110)_2 = (E)_{16}$

$(0100)_2 = (4)_{16}$

16進数位	16^2の位			16^1の位			16^0の位		
2進数	0	1	1	1	1	1	1	0	0	1	0	0
16進数	7			E			4		

したがって，$(11111100100)_2$ を 16 進数に基数変換すると

$(11111100100)_2 = (7E4)_{16}$

小数部の基数変換

$(0.1101)_2$ の 4 ビットをとると 1101 だから

$(1101)_2 = (D)_{16}$

16進数位	16^{-1}の位		
2進数	1	1	0	1
16進数	D		

したがって，$(0.1101)_2$ を 16 進数に基数変換すると

$(0.1101)_2 = (0.D)_{16}$

整数部と小数部の加算

整数部と小数部に分け，それぞれについて基数変換した値を足し合わせます．

$(11111100100.1101)_2$

$= (7E4 + 0.D)_{16}$

$= (7E4.D)_{16}$

〔4〕 **10 進数から 2 進数への基数変換**　10 進数を 2 進数に基数変換する場合には，変換すべき数を整数部と小数部に分け，それぞれを基数変換した後に足し合わせます．

例えば，10 進数「20.125」を 2 進数に変換する例について考えます．

整数部の基数変換

整数部を基数変換する場合，与えられた値を 2 で割っていき，その余りを並べます．商が 1 になった時点で割り算は終了します．

では，10進数20.125の整数部である$(20)_{10}$の部分を2進数に基数変換してみましょう．

与えられた$(20)_{10}$を2で割っていきます．

$$
\begin{array}{r}
(商)(余り)\\
20 \div 2 = 10 \cdots 0\\
10 \div 2 = 5 \cdots 0\\
5 \div 2 = 2 \cdots 1\\
2 \div 2 = 1 \cdots 0
\end{array}
$$

商と余りを，最後の商を先頭にして並べていけば，求める2進数が求まります．計算の結果，$(20)_{10} = (10100)_2$ が求まりました．

小数部の基数変換

小数部を基数変換する場合，整数部とは逆に与えられた値に2を掛けていき，掛けた結果の整数部を並べます．一方，掛けた結果の小数部のみを取り出し，2を掛けます．このような操作を繰り返し，掛けた値の小数部が0になったら終了します．

では，10進数20.125の小数部である$(0.125)_{10}$の部分を2進数に基数変換してみましょう．

与えられた$(0.125)_{10}$に2を掛けていきます．

$$
\begin{array}{l}
0.125 \times 2 = 0.25 \Rightarrow 0 \quad (小数第1位)\\
0.25 \times 2 = 0.5 \Rightarrow 0 \quad (小数第2位)\\
0.5 \times 2 = 1.0 \Rightarrow 1 \quad (小数第3位)
\end{array}
$$

掛け算の整数部を小数第1位，第2位，第3位と並べていけば，それが求める2進数の小数部分です．この場合には$(0.001)_2$が求める2進数です．

整数部と小数部の加算

整数部および小数部を含む10進数をそれぞれ2進数に基数変換することができましたので，両者を足し合わせます．

$(20.125)_{10}$

$= (10100 + 0.001)_2$

$= (10100.001)_2$

〔5〕 **10進数から8進数および16進数への基数変換** 10進数から8進数および16進数への基数変換を行う場合，10進数の数値をそれぞれの基数で割っていく方法があります．一方，10進数を2進数に変換し，そこから8進数および16進数に基数変換する方法もあり，この項では，10進数をいったん2進数に基数変換し，そこから8進数および16進数に基数変換する方法について述べます．

10進数を2進数に変換
⇒ **3ビットずつ変換** ⇒ **8進数変換**
⇒ **4ビットずつ変換** ⇒ **16進数変換**

このようにして，10進数から，2進数，8進数，16進数との間での基数変換を行うことが可能です．**表4.1**は，10進数，2進数，8進数，16進数の相互対応表です．

表4.1 10進数, 2進数, 8進数, 16進数の相互対応

10進数	2進数	8進数	16進数
0	0	0	0
1	1	1	1
2	10	2	2
3	11	3	3
4	100	4	4
5	101	5	5
6	110	6	6
7	111	7	7
8	1000	10	8
9	1001	11	9
10	1010	12	A
11	1011	13	B
12	1100	14	C
13	1101	15	D
14	1110	16	E
15	1111	17	F

4.2 補数表現と浮動小数点表示

コンピュータでは，論理回路を組み合わせることで足し算を実行する回路を実現できることを前章で示しました．ところが，コンピュータには直接引き算を実行するような論理回路は組み込まれておらず，また負数（マイナス）をそのまま扱うこともできません．さらに，コンピュータ内部では0と1しか演算の対象とはなり得ないため，小数部が含まれる実数をそのまま扱うこともできません．

しかし，実際にわれわれはコンピュータを使って引き算を行っています．割り算も行っています．また，小数を含む実数の計算もコンピュータで実行できます．なぜ，このようなことができているのでしょうか．

本来できないはずの引き算を可能とするのが，**補数表現**（complement notation）という概念です．また，0と1しか扱えないはずのコンピュータで実数の計算ができるのは**浮動小数点**（floating point number）という概念を使っているからです．この節では，補数表現と浮動小数点について述べます．

4.2.1 補数表現

補数とは，ある自然数に足し合わせると，ちょうど桁が上がる数のうちの最小の数を指します．これを「基数の補数」と呼びます．10進数では基数は10なので，10進数の基数の補数を「10の補数」とも呼びます．

例えば，10進数1桁の7を考えると，この1桁の数7が2桁に桁上がりするのは3を足したときですので，7の補数（10の補数または基数の補数）は3です．あるいは，例えば10進数2桁の73は27を足せば桁が上がって100になりますので，73の補数（10の補数または基数の補数）は27です．

$7 + \underline{3} = 10 \Rightarrow$ **7の10の補数（基数の補数）は 3**

$73 + \underline{27} = 100 \Rightarrow$ **73の10の補数（基数の補数）は 27**

補数にはもう1種類あります．ある自然数に足し合わせても，桁が上がらな

い数のうちの最大の数を指します。これを「減基数の補数」と呼びます。10進数では基数は10なので，10進数の減基数の補数を「9の補数」とも呼びます。

例えば，10進数1桁の7を考えると，この1桁の数が2桁に桁上がりするのは3を足したときであり，したがって桁上がりしない最大数は2ですので，7の補数（9の補数または減基数の補数）は2です。あるいは，例えば10進数2桁の73は27を足せば桁が上がって100になりますので，73の補数（9の補数または減基数の補数）は26です。

$7 + \underline{2} = 9 \Rightarrow$ **7の9の補数（減基数の補数）は 2**

$73 + \underline{26} = 99 \Rightarrow$ **73の9の補数（減基数の補数）は 26**

つまり，基数の補数と減基数の補数にはつぎのような関係があります。

基数の補数 = 減基数の補数 + 1

N進数の場合には

(Nの補数) = ($N-1$の補数) + 1

では2進数の補数を考えてみましょう。例えば，3桁の2進数$(101)_2$を考えると，3桁の$(101)_2$の2の補数（基数の補数）はこの2進数が4桁に桁上がりする数なので

$(101)_2 + \underline{(011)_2} = (1000)$ （$= 2^3$）

であり，$(101)_2$の2の補数（基数の補数）は$(011)_2$です。

一方，$(101)_2$の1の補数（減基数の補数）は$(011)_2$から1を引いた数で$(010)_2$ですから

$(101)_2 + \underline{(010)_2} = (111)_2$

となります。ここで$(101)_2$と，その1の補数（減基数の補数）である$(010)_2$を見比べてみると，両者の関係に特徴があることに気づきます。つまり$(101)_2$の各桁について0と1を入れ替えるとそのまま$(010)_2$になることがわかります。実はこの性質は2進数の桁数に関係なくつねに成り立ちます。この性質を使えば，2進数の補数を簡単に求めることができます。

4.2.2 補数を用いた減算

前節では，補数の概念について説明を行いました．ところで，基数の補数を用いることで「引き算」を本当に「足し算」に変換できるのでしょうか？ 本節では，基数の補数を用いて10進数の引き算および2進数の引き算を実施します．つまり10進数の場合には「10の補数」を，2進数の場合には「2の補数」を用いる減算について解説します．特に2進数では，機械的な演算によって補数を容易に生成できることも示します．

〔1〕 10進数の減算 まずは10進数で10の補数を用いた引き算を実行してみましょう．例として，87（被減数）から65（減数）を引く場合を考えます．この引き算の答えは $87 - 65 = 22$ です．

65の10の補数は35（$100 - 65 = 35$）です．この補数35を用いて引き算を実行してみます．

$$87 - 65 = 87 + \underline{35} - 100$$
$$= (87 + \underline{35}) - 100$$

ここで，被減数87に補数35を加えた数122（$87 + 35 = 122$）は，この引き算の答えである22よりもちょうど100，つまり減数が1桁繰り上がった数だけ多くなっています．数学的には，この「100だけ多い数」から「100を引く」ことで減算の答えが求まるわけです．減算式の形は「（被減数 + 補数）− 100」となっていますが，「−100」が1桁繰り上がった分を引くことに相当します．

つまり，もともとの引き算である

「被減数 − 減数」

という減算演算が，

「被減数 + 補数 − 桁上がり数」

という加算演算に変形されたことがわかります．ここで，「1桁の繰り上がり数」を計算することは「桁上がりを無視」することと等価です．

つまり

$$87 - 65 \Rightarrow 87 + \underline{35} = \underline{1}\,22 \Rightarrow 22 \quad \text{（桁上がり無視）}$$

被減数に補数を加え，桁上がりを無視することで減算を加算に変換できまし

た。このように「被減数＞減数」の場合には引き算の答えが正（プラス）の値をとり，この場合には桁上がりを無視することで引き算を足し算に変換することができました。

では，「被減数＜減数」の場合でも補数を用いた計算は可能でしょうか？　先ほど用いた 87（被減数）から 65（減数）を引く引き算における被減数と減数の関係を逆転してみます。つまり，65 を被減数に，87 を減数として「65 − 87」を考えます。減数である 87 の 10 の補数は 13 であり，また，この減算 65 − 87 の答えは「−22」です。

$$65 - 87 = (65 + \underline{13}) - 100$$

ここで，「65（被減数）+ 13（補数）」の値は 78 で，桁上がりが発生していません。数学的には，この 78 から 100 を減じた値「−22」が答えです。

この「−22」ですが，実はこの値は「被減数 + 補数」で得られた値（78）に対し，再度，10 の補数をとった値（100 − 78 = 22）の符号を反転したものと一致します。つまり，「被減数 + 補数」で桁上がりが発生しなかった場合には，この加算結果の補数をとり，符号を逆転した値が求める結果となります。

補数を用いた減算は，つぎのように要約できます。

- 被減数 + 補数 ⇒ 桁上がりあり ⇒ 加算値の桁上がりを無視した値が答え
- 被減数 + 補数 ⇒ 桁上がりなし ⇒ 加算値の補数をとって符号を反転した値が答え

〔2〕 **2 進数の減算**　　補数を用いる 2 進数の減算は，10 進数の場合とまったく同じ考え方で実行できます。例えば，2 進数 $(101)_2$ から $(011)_2$ を引く計算について考えてみましょう。

まず，減数である $(011)_2$ の 2 の補数はつぎのようにして求められます。

$$(1000)_2 - (011)_2 = (101)_2$$

したがって，元の減算はつぎのようになります。

$$(101)_2 - (011)_2$$
$$= (101)_2 + (\underline{101})_2 - (1000)_2$$
$$= (1010)_2 - (1000)_2 \Rightarrow \underline{1}\,010 \Rightarrow 010 \quad \text{（桁上がり無視）}$$

この場合，「被減数 − 減数」が正の数なので，桁上がりを無視した値が求める答えとなります。

10進数の例題と同様に，今度は被減数と減数を入れ替えて，引き算の答えがマイナスになる場合を考えてみましょう。被減数は$(011)_2$であり，減数は$(101)_2$，減数の2の補数は$(011)_2$です。

元の減算は

$$(011)_2 - (101)_2 = (011)_2 + \underline{(011)_2} - (1000)_2$$
$$\Rightarrow (011)_2 + \underline{(011)_2}$$

ここで，$(011)_2 + (011)_2$では桁上がりが発生していません。この場合，この加算結果である$(110)_2$の2の補数をとって，$(010)_2$の符号を反転させた−$(010)_2$が求める答えとなります。

4.2.3　2進数の補数の計算方法

2進数では補数を簡単に求めることができます。具体的な計算方法は，最初に1の補数（減基数の補数）を求め，それに1を加えることで2の補数（基数の補数）を求めるという方法です。特に，1の補数（減基数の補数）は，対象となる2進数の各ビットをそのまま反転（0なら1に，1なら0に機械的に変換）すれば求められます。

例えば，前節で用いた2進数$(101)_2$の減数では，補数はつぎのような手順により求められます。

$(101)_2$の補数を求める手順：

1) **1の補数（減基数の補数）をビット反転により求める。**

    101 $\Rightarrow$ **各ビットを反転** $\Rightarrow$ 010

2) **得られた1の補数に1を加えて2の補数（基数の補数）を求める。**

    010 + 1 = 011　　（**求める2の補数**）

この方法は何桁（何ビット）の2進数であっても同じです。例えば，前節で考察した「87 − 65」を例題として補数による減算を実行してみましょう。求める答えは「22」です。

二つの8ビット2進数の減算を考えます。

  被減数 $(87)_{10} \Rightarrow (0101\ 0111)_2$

  減　数 $(65)_{10} \Rightarrow (0100\ 0001)_2$

減数 0100 0001 の 1 の補数は，各ビットを反転して

  1 の補数 $\Rightarrow$ 1011 1110

2 の補数は，この値に 1 を加えればよいので

  2 の補数 $\Rightarrow$ 1011 1110 + 1 = 1011 1111

求める減算は，減数の 2 の補数の加算で求められるので

  0101 0111 + 1011 1111 = 1 0001 0110

得られた結果の桁上がり分（9 ビット目）を無視すると

  1 0001 0110 の**最上位ビットを無視** $\Rightarrow$ 0001 0110

これを 10 進数に変換すれば，$(0001\ 0110)_2 = (22)_{10}$ となります。

 2 の補数は，コンピュータ内で負（マイナス）の数を表現する場合にも用いられます。

 例えば，$(22)_{10}$ を 8 ビットの 2 進数で表示すると $(0001\ 0110)_2$ ですが，$(-22)_{10}$ を 8 ビット 2 進数で表す場合には 2 の補数をとって，$(1110\ 1010)_2$ と表現します。補数表現された 2 進数では，最初のビットが「1」の場合には負数を表しています。補数表現された 2 進数で先頭ビットが 1 である数を 10 進数に変換するには，その 2 進数の補数をとってから 10 進数に変換し，マイナス符号を付加する必要があります。

 例えば，補数表現された 8 ビットの 2 進数 $(1111\ 1010)_2$ を 10 進数に変換する場合の手順は

1) **各ビットを反転して 1 の補数を求める。**
  ビット反転：0000 0101

2) **得られた 1 の補数に 1 を加えて 2 の補数を求める。**
  1 を加える：0000 0110

3) **得られた 2 の補数を 10 進数に変換して負符号を付加する。**
  10 進数に変換：0000 0110 $\Rightarrow$ 6

負符号を付加：6 ⇒ −6　　（**答え**）

このように，2進数の場合には各桁のビット反転により1の補数が簡単に求まり，その値に1を加えることで2の補数を求めることができます。

4.2.4　浮動小数点表示

コンピュータ内では，例えば「3.14」のような実数を表現する方法として浮動小数点表示を用いています。これは小数点の位置を固定しない実数の表現方法であり，これによってコンピュータ内で大きな実数を扱うことができるようになります。浮動小数点表示の形式は IEEE 754 に準拠する形で規格が決まっており，**符号部**，**指数部**，**仮数部**を合計 **32 ビットの 2 進数**で表現します。浮動小数点表示では，**64 ビット**を用いる**倍精度**（double）形式も用意されており，プログラム内での計算目的によって使い分けられるようになっています。

この項では，まずは固定小数点表示について述べ，つぎに浮動小数点表示について述べます。

〔1〕　**固定小数点表示**　　実数を表現する場合，小数点の位置をあらかじめ決めておき，その様式に沿って実数の整数部と小数部を分けて記述する方法が固定小数点表示です。**図 4.1** は，2 進数 $(101100.001000)_2$ を 12 ビットの固定小数点表示で表現した例です。この値は 10 進数では 44.0125 です。この例では，整数部に 6 ビット，小数部に 6 ビットを割り当てる様式であり，図のちょうど中央に小数点があることを想定しています。整数部および小数部の桁数が固定されており，浮動小数点表示に比べて高速な計算が可能です。一方，桁数が固定されていることから，扱える数値の範囲は浮動小数点表示よりもはるかに狭いというデメリットがあります。

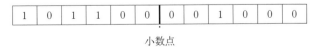

図 4.1　固定小数点表示例

78　　4. 情 報 の 表 現

〔2〕 **浮動小数点表示**　　浮動小数点表示では，実数を符号部/指数部/仮数部に分けて格納します。前節で用いた数値例$(101100.001000)_2$を浮動小数点表示とする場合には，この数値を「符号」＋「仮数部」＋「×2^(指数部)」という形式で正規化します。正規化とは，対象とするデータに一定の規則を適用し，その利用目的に適する形に変形することを指します。浮動小数点表示における正規化は，小数点の位置を調節することで仮数部の上位桁に0が入らないようにして計算誤差を最小限にすることを目的とします。

　この例の場合，「＋」，「0.101100001」，「2^6」というように正規化されます。こうして正規化された数値を浮動小数点表示の様式に沿って格納していきます。**図4.2**は，浮動小数点表示の様式例であり，この様式は IEEE 754 で決められており，多くのコンピュータにおいてこの規格が採用されています。

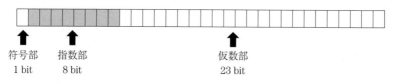

図4.2　浮動小数点表示の様式例（IEEE 754 形式）

　図で，符号部（1ビット）は実数の符号を表しており，正の数の場合は「0」を，負の数の場合は「1」を付与します。指数部（8ビット）は正規化された数の指数2^Xの「X」の部分を2進数で表現して格納する場所です。「X」が負数の場合には2の補数表現で指数を表します。仮数部は，正規化された数の小数部を格納する場所です。

　それでは，数値例$(101100.001000)_2$を正規化して浮動小数点表示を適用してみましょう（**図4.3**）。

正　規　化：　与えられた数値を 0.×××の形になるよう演算を行い，小数部分の最上位ビットが1になるように正規化します。

　　101100.001000

　　　$= 0.101100001000 \times 2^6$

与えられた数値が正規化されたので，浮動小数点表示の様式に当てはめてい

```
0 0 0 0 0 0 1 1 0 1 0 1 1 0 0 0 0 1 0 0 0 0 0 0 0 0 0 0 0 0 0 0
```
符号部　　指数部　　　　　　　　　仮数部
1 bit　　　8 bit　　　　　　　　　　23 bit

図 4.3　$(101100.001000)_2$ の浮動小数点表示例（IEEE 754 形式）

きます。

① **符号部（1 ビット）**：　$(101100.001000)_2$ は正の 2 進数なので符号部は「0」です。

② **指数部（8 ビット）**：　指数部は「2^6」なので，「6」を 8 ビット 2 進数で表せば指数部は「000000110」です。

③ **仮数部（23 ビット）**：　仮数部は「0.101100001000」なので，小数部を左詰めで表示し，余った桁には「0」を付与します。つまり，仮数部は「10110000100000000000000」です。

　浮動小数点表示を用いることにより，小さな数値から大きな数値までさまざまな実数を扱うことができるため，多くのコンピュータで浮動小数点表示が用いられています。

　一方，浮動小数点表示によりさまざまな実数を扱うことができるようになったものの，この方式も完全なものではありません。つまり，32 ビットを使用する IEEE 754 においても仮数部は 23 桁しかありませんので，そこからあふれる桁を含む数の計算では誤差が発生するのです。

　例えば，$(0.1)_{10}$ を 2 進数に変換すると，「1100」が延々とつづくような循環小数になってしまいます。

$$(0.1)_{10} \Rightarrow 0.0001100110011001100110011\ldots\ldots$$

すなわち，$(0.1)_{10}$ を IEEE 754（単精度）の 32 ビットで浮動小数点表示し，これを 10 進数に再変換すると

$$(00000000.0001100110011001100110011)_2$$
$$\Rightarrow (0.099999964237213134765 6\ldots)_{10}$$

となり，完全には元の数値 $(0.1)_{10}$ に戻りません。このような誤差の発生は，コンピュータが 2 進数で動作するからには避けられない問題ですが，これでは

精密な計算を必要とするような用途では，誤差に起因する問題が無視できなくなります。

したがって，実数計算において誤差を小さく抑えたい場合には，32 ビットよりも大きな情報量で計算することのできる IEEE 754（倍精度）を使用します。64 ビットという情報量で計算する IEEE 754（倍精度）では，符号部に 1 ビット，指数部に 11 ビット，仮数部に 52 ビットを割り当てて計算を行うため，32 ビットの IEEE 754（単精度）よりも小さな誤差に抑えることが可能です。

4.3 文字と記号の表現

われわれは，コンピュータを使って文章を書いたり，あるいはインターネットの情報を表示したりします。コンピュータ内では文字情報はどのように扱われているのでしょうか。

コンピュータ内で文字を扱うことを目的として，文字や記号に割り当てられた 2 進数の番号が**文字コード**（character code）です。例えば「A」，「B」，「C」といった文字画像のパターンと文字コードとを対応させておけば，コンピュータの画面に文字を表示するときに，文字コードを指定するだけで文字を画面出力することができます。表現したい文字の数によって，文字コードとして必要な識別情報の量が決まります。英数字の場合には，数字，アルファベット，句読点や記号を合わせて，7 ビットあれば英数字を識別することが可能です。

表 4.2 は，アルファベットと数字用に割り振られた文字コードで，**ASCII コード**と呼ばれています。ASCII は American Standard Code for Information Interchange のイニシャルをとったもので，ASCII コードは米国規格協会（ANSI）によって制定されました。ASCII コードは 7 ビットで構成されており，表 4.2 の上側が上位 3 ビット，左側が下位 4 ビットを 16 進数で表しています。この表で，例えば 0x41 は「A」を，0x5A は「Z」を表しています。

漢字などを含めて 1 万個を超える数の文字コードが必要な日本語の場合，7

表 4.2　ASCII コード

	0	1	2	3	4	5	6	7
0	NUL	DLE	SP	0	@	P	`	p
1	SOH	DC1	!	1	A	Q	a	q
2	STX	DC2	"	2	B	R	b	r
3	ETX	DC3	#	3	C	S	c	s
4	EOT	DC4	$	4	D	T	d	t
5	ENQ	NAK	%	5	E	U	e	u
6	ACK	SYN	&	6	F	V	f	v
7	BEL	ETB	'	7	G	W	g	w
8	BS	CAN	(	8	H	X	h	x
9	HT	EM	)	9	I	Y	i	y
A	LF	SUB	*	:	J	Z	j	z
B	VT	ESC	+	;	K	[	k	{
C	FF	FS	,	<	L	¥	l	|
D	CR	GS	-	=	M	]	m	}
E	SO	RS	.	>	N	^	n	~
F	SI	US	/	?	O	_	o	DEL

ビットではコード数が足りないため，8 ビット幅で 2 個，すなわち 16 ビット（2 バイト）の文字コードを用いて文字の識別を行っています。Windows や Macintosh ではシフト JIS コード (Shift JIS Code) が使われ，Unix では EUC コード，また最近では UTF コードが使われています。

4.4　情報量とは

私たちは，コンピュータの性能について話すときに「64 ビットマシン」とか「メインメモリは 8 ギガバイト」とかいったいい方をします。この「ビット」とか「バイト」とはそもそもなにを意味するのでしょうか？
「**バイト** (byte)」は「**ビット** (bit)」をまとめた単位で，「1 バイト = 8 ビット」と決められています。それでは，1 ビットとはなにを意味するのでしょうか？

4. 情報の表現

実は，ビット〔bit〕とは「binary digit」の略であり，情報の量を測る単位です。例えば，MKS単位系では，長さを測る単位は「メートル〔M〕」であり，重さを量る単位は「キログラム〔kg〕」，時間を計る単位は「秒〔s〕」です。これと同じように，**情報量を測る単位が**「**ビット**」なのです。ビットの概念は，数学者クロード・シャノンが1948年に論文 "A Mathematical Theory of Communication." で提唱したものです。この論文をきっかけにして情報理論という学問分野が発展しました。

4.4.1 情報量とビットの概念

シャノンは，情報の機能を「（未知）を（既知）に変化させること」と考えました。この（未知）を（既知）に変化させる上で最も小さい情報の量が1ビットです。例えば，家から駅に向かう道があり，途中で道が分岐していたとしましょう。1本の道が2本に分岐していれば，そのどちらかの道に進めば駅にたどり着く可能性は 1/2 = 0.5 で50％であり，誤った道を選ぶ可能性も50％です。もし，分岐点に道標Aがあって駅に行く道を指示していたとすれば，この道標Aの情報は誤った道を選択する50％の可能性を排除する機能を有します。

同様に，分岐点において道が4本に分かれていた場合には，分岐点にある道標Bは確率的に 1/4 = 25％の選択を助ける，つまり，75％の誤選択の可能性を排除する機能を有します。これらの例の場合，道標Aが排除してくれる50％の誤選択の確率よりも，道標Bが排除してくれる75％の誤選択の確率のほうが高いことがわかります。つまり，複数の選択肢がある場合，ある情報によって誤選択が排除される確率が最も小さいのは二者択一，すなわち選択肢が2個の場合であることがわかります。

情報理論では，二者択一の選択を確定する情報の情報量を1ビットと定義します。また，二者択一以外の事象の**情報量**については，この二者択一の事象を基準として，選択肢の数が二者択一の何乗になっているかで情報量を測ります。

すなわち，対象とする事象が起こる確率を P（つまり選択肢の数を N とすれば，$N = 1/P$）とすれば，情報量 I はつぎのように定義されます。

$$\text{選択肢の数}\ N\left(=\frac{1}{P}\right) = 2^I$$

$$\therefore\ I\left(=\log_2 2^I\right) = \log_2 \frac{1}{P} = -\log_2 P$$

例えば，2本の道から正しい選択肢を与える情報を得た場合，情報量は

$$I = \log_2 \frac{1}{1/2} = \log_2 2 = 1.00\ [\text{bit}]$$

3本の道から正しい選択肢を与える情報を得た場合，情報量は

$$I = \log_2 \frac{1}{1/3} = \log_2 3 = \frac{\log_{10} 3}{\log_{10} 2} = \frac{0.477}{0.301} = 1.58\ [\text{bit}]$$

4本の道から正しい選択肢を与える情報を得た場合，情報量は

$$I = \log_2 \frac{1}{1/4} = \log_2 4 = \log_2 2^2 = 2 \times \log_2 2 = 2.00\ [\text{bit}]$$

このように，正しい選択となる確率が小さいほど，それを知る情報の情報量は大きいことがわかります。つまり，確率の小さな事象が起こることを知る情報は，その情報量が大きいということができます。めったに起こらない（起こる確率が低い）事象が起こることを知る情報は，その情報の価値が高いことを意味します。このことから，情報量は情報の価値の高さを測る指標となっている，と解釈することができるのです。

コンピュータ内で扱う2進数では，1桁分に入る情報は0か1の二者択一であり，その情報量は $\log_2\{1/(1/2)\}$ で，ちょうど1ビットとなります。

4.4.2 情報のエントロピー

前項では，どの事象も起こる確率が等しい場合の情報量について述べました。一方，例えば天気予報などでは，「晴れの確率が50％，曇りの確率が30％，雨の確率が20％」といったように，各事象が発生する確率が均等ではない場合が少なくありません。

情報の**エントロピー**（entropy）とは，すべての事象を対象とした場合の平均情報量を測る尺度です。エントロピー H はつぎのように定義されます。

対象とする事象 $1, 2, 3, ..., n$ が，それぞれ確率 $P_1, P_2, P_3, ..., P_n$ で起こる場合，情報源がもつエントロピー H は

$$H = \sum P_i \log_2 \frac{1}{P_i} = -\sum P_i \log_2 P_i \ \text{〔bit〕}$$

例えば，「晴れの確率が50%，曇りの確率が30%，雨の確率が20%」という天気情報の平均情報量 H は，つぎのように計算することができます。

$$H = \frac{5}{10}\log_2\frac{10}{5} + \frac{3}{10}\log_2\frac{10}{3} + \frac{2}{10}\log_2\frac{10}{2} = 1.486 \ \text{〔bit〕}$$

4.5 アナログからディジタルへ ―アナログ/ディジタル変換―

本書では，コンピュータ内で扱う情報が0と1のみであることを説明してきました。一方，われわれが日常的に接する情報は0と1のように離散的に記号化されたものではなく，連続的なものです。目に入ってくる風景や，鳥の声など，われわれが体で感じる情報はすべて連続的です。このように，連続する情報を**アナログ**（analog）情報と呼びます。これに対し，コンピュータ内で扱っているような離散的な情報を**ディジタル**（digital）情報と呼びます。

われわれは，自然界にある景色をカメラで撮ってコンピュータで加工できるディジタル写真にしたり，鳥の声を録音してコンピュータに取り込んだりします。つまり，これは自然界に存在するアナログ情報をディジタル情報に変換し，コンピュータに取り込んでいることを意味します。このとき，アナログからディジタルへの変換を行っているわけです。

連続量であるアナログ情報を離散（不連続）量であるディジタル情報に変換するためには，「標本化」，「量子化」，「符号化」という三つの処理を実施する必要があります。**図 4.4** は，情報のディジタル化プロセスのうち標本化と量子化の概略を示しています。また，**図 4.5** は，情報のディジタル化プロセス

4.5 アナログからディジタルへ —アナログ/ディジタル変換— 85

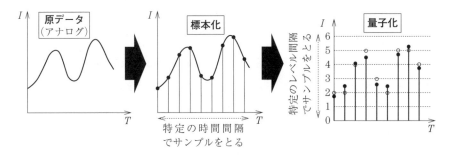

図 4.4 情報のディジタル化（標本化と量子化）

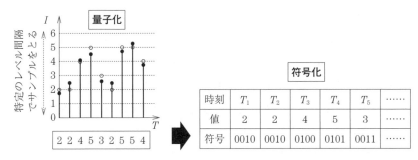

図 4.5 情報のディジタル化（符号化）

のうち符号化の概略を示しています。

〔1〕**標 本 化** 標本化 (sampling) とは，もともと連続量である信号を一定の間隔で観測することで，信号を離散値として収集する処理を意味します。図 4.4 に示すように，原データはアナログの信号であり，時間 T（横軸）の経過とともに信号の強さ I（縦軸）が変化しています。例えば，音信号などはこのような形のグラフとして表現できます。この信号をディジタル化するためには，まず時間軸上でどの程度細かくサンプルをとるか決めます。図 4.4 でいえば，横軸の標本取得のきめ細かさを決めることを意味します。

ディジタル化された情報では，標本化された時点のデータしか残りませんので，粗い標本化（標本地点の時間間隔を長くとる）を行うと，飛び飛びの粗いディジタルデータができ上がります。したがって，原データを忠実にディジタル化したい場合には，なるべくきめ細かく標本化（標本地点の時間間隔を短く

とる）をする必要がありますが，細かい標本化を行えばその分だけデータ量が増えてしまいます。

例えば，われわれが音として感じとることのできる周波数の範囲（可聴域）は 20～20 000 Hz です。したがって，アナログの音信号をディジタル化するためには，少なくとも 20～20 000 Hz の音を再現するのに十分な細かさで標本化を行う必要があります。

もう一つ，標本化では**サンプリング定理**という重要な法則があります。サンプリング定理とは，アナログ信号を標本化する場合，アナログ信号に含まれる最大周波数の 2 倍以上の周波数で標本化する必要があるというものです。このサンプリング定理を満たさない場合には，ディジタル化された信号を元のアナログ信号に完全に戻すことができなくなります。したがって，音信号の標本化では可聴周波数の上限である 20 000 Hz の 2 倍以上，つまり 40 000 Hz 以上の細かさで標本化する必要があります。実際，音楽用 CD では 44 100 Hz，つまり毎秒 44 100 回の標本化が行われています。

〔2〕**量 子 化**　量子化（quantization）とは，標本化された各観測点における連続的な信号の強度を，例えば整数値などの離散的な値で近似する処理を意味します。標本化プロセスで，原信号をどの程度細かくサンプリングするかを決めた後，各サンプリング点において信号の強さ I をどのくらいの細かさで段階分けするかを決める必要があります。これが量子化であり，図 4.4 の縦軸のきめ細かさを決めることを意味します。

図 4.4 に示すように，縦軸の段階を粗く分けてしまうと原信号の強さがちょうど当てはまるレベルが存在しません。そのような場合には，原信号の強さに近いほうのレベルで近似します。このように，量子化で行われるのは原信号の近似であるため，もともとなめらかだった原信号が量子化の後には近似の凹凸による誤差を含んだ信号となってしまいます。この誤差を**量子化誤差**（quantization error）と呼びます。量子化のプロセスでは，すべての標本化地点において信号の強さを段階分けしていきますが，この段階がきめ細かければ細かいほど，原信号の強さに近いレベルで近似することができます。

量子化できめ細かい段階分けを行えば原信号を忠実にディジタル化することができますが，段階数が多ければ多いほど符号量が増えていきます。例えば，量子化の段階を極端に 0 か 1 の 2 段階とすれば量子化で必要な符号量は 1 ビットに抑えられますが，これでは音が出ているか出ていないか程度の区別しかできないひどい音となるでしょう。少し符号量を増やして，量子化に 4 ビットを割り当てれば $2^4 = 16$ 段階の区別ができます。しかし音信号の場合，16 段階では信号強度の分解能としては十分ではなく，雑音が入り混じったような音として再生されてしまいます。このような，量子化が十分でないために発生する品質の劣化を**量子化ノイズ**といいます。

8 ビットを割り当てれば $2^8 = 256$ 段階，16 ビットを割り当てれば $2^{16} = 65\,536$ 段階の分解能が得られます。音楽用 CD では 16 ビットで量子化を行っていますので，信号の強さについては 65 536 段階という十分な分解能をもっていることがわかります。

〔3〕**符　号　化**　標本化および量子化を行った後，標本化の各地点において取得したデータを特定の規則に則って符号データに変換します。つまり**符号化**（encoding）とは，各標本地点で取得した信号データを，あらかじめ決められた規則に従って別様式のディジタルデータに変換する処理を意味します。図 4.5 に示すように，各標本点を $T_1, T_2, T_3, \ldots$ とすれば，各標本点での信号の強さが 10 進数の値として得られているのでそれらを 2 進数に変換します。図 4.5 では簡単のため 4 ビットで符号化していますが，CD の品質を確保するのであれば $T_1, T_2, T_3, \ldots$ それぞれの時点ごとに 16 ビットの符号を割り当てます。

このように，アナログの音信号を CD の品質でディジタル化する場合には，毎秒 44 100 Hz × 16 bit = 705 600 bit ものディジタル情報が生成されます。ステレオで 2 チャンネルとれば符号量はこの 2 倍（1 411 200 bit）となり，この

88   4. 情 報 の 表 現

音信号をそのままディジタル回線で送信しようとすれば，約 1.35 Mbit/s[†] を必要とする大きな情報量となります。

4.6　ディジタルデータの符号化と圧縮

　アナログ信号をディジタル信号に変換する場合，元のアナログ信号をなるべく誤差なく忠実にディジタル化しようとすれば，分解能の高い標本化と量子化が必要となり，ディジタルデータのファイル容量が著しく増大することがわかりました。

　一方，ディジタル情報は**符号化処理**（encoding）を施すことによって，その容量を圧縮することが可能です。われわれが日常の生活で耳にするディジタル音源としての楽曲ファイルでは，音楽用 CD に入っている楽曲ファイルは無圧縮の wav 形式ですが，インターネットにつながった携帯端末で聞く楽曲ファイルはディジタル情報の性質を使って符号化処理が施されており，ファイル容量が圧縮されています。また，ディジタルカメラで撮った写真ファイルでも，高級一眼レフカメラで撮った RAW 画像は圧縮されていませんが，JPEG 画像はさまざまな符号化処理を用いて圧縮されています（8.1.1 項〔2〕参照）。このことは，同じディジタルカメラで撮った同一の被写体について，RAW 画像と JPEG 画像のファイルサイズを比較してみるとよくわかります。

　このようにディジタル化された原信号をネットワーク経由で伝送したり記憶装置に保存したりする場合，ファイル容量を小さくすることで効率的に処理することを目的として，原ディジタルデータをそれとは別の形態に変換することを符号化処理と呼びます。

　ディジタルデータの符号化方式には，大きく分けると可逆型符号化と非可逆型符号化の 2 種類が存在します。

[†]　M はメガと読み，10^6 を意味する単位の接頭辞です。また，s は second の略で，秒の単位です。したがって，ここでは毎秒 1.35×10^6 ビットの情報量ということになります。ちなみに，bit/s の代わりに bps を，bit の代わりに B（= 8 bit，バイト）を使うこともあります（B をビットの意味で使っている場合もあるので注意）。

〔1〕 **可逆型符号化方式**　原データを符号化し，それを復号化したとき，符号化前の原データと復号化後のデータが完全に一致する方式が**可逆型**（lossless）**符号化方式**です。可逆型符号化方式では，特定のデータの出現頻度やマルコフ性（確率過程が有する特性）などを利用して情報圧縮を行う方法です。例えば，ファクシミリで使われている Run-Length 符号化や Huffman 符号化が可逆型符号化方式の例として知られています。

　一般に，可逆型符号化方式を用いた場合，圧縮前のファイル容量と圧縮後のファイル容量を比べると，その圧縮率は2分の1程度です。

〔2〕 **非可逆型符号化方式**　原データを符号化し，それを復号化したとき，符号化前の原データと復号化後のデータが一致しない方式が**非可逆型**（lossy）**符号化方式**です。非可逆型符号化では，例えばディジタル写真において目に見えにくい高周波成分を写真ファイルから削除したり，写真画像に含まれる特定の部分画像をそれと類似するパターン画像で置き換えるなどの処理を施すことで，原データの数10分の1程度という大きな情報圧縮を可能とします。楽曲ファイルで用いられる MP3 方式やディジタル写真で用いられる JPEG 方式は，代表的な非可逆型符号化方式の例です。

4章の参考文献：
1) 小舘香椎子 他：教養のコンピュータサイエンス 情報科学入門 第2版，丸善 (2001)
2) 黒川一夫 他：改訂 電子計算機概論，コロナ社 (2006)

5 コンピュータのソフトウェア構成
—プログラミング言語およびアルゴリズムとデータ構造—

　コンピュータで問題を解決するためには，問題解決のための計算手順であるアルゴリズムを決め，つぎに，そのアルゴリズムをコンピュータが理解（処理）できる形式で書き表したプログラムを書きます。そして，一般的には問題解決に必要なものとして，プログラム以外にも，システム開発のすべてに関係する内容を記載した要求仕様，使い方など詳細な手順を記載したマニュアルなどがあり，それらを含む総合的な概念をソフトウェアと呼びます。

　本章では，プログラムを書くための言葉である「プログラミング言語」と計算手順である「アルゴリズム」，そしてデータの扱い方を指定する「データ構造」について，基本概念や機能を歴史的な発展を踏まえながら概説します。

5章のキーワード：
自然言語，プログラミング言語，形式言語理論，形式言語，トランスレータ（コンパイラ，インタプリタ），モデル駆動開発，機械語，アセンブリ言語，高水準言語，可搬性，手続き型モデル，関数型モデル，論理型モデル，オブジェクト指向モデル，アルゴリズム，構造化プログラミング（段階的詳細法（トップダウンアプローチ），基本3構造），構造化文，構造化言語，構造化チャート，計算量理論（計算可能性，正確さ，複雑性：2^N型・N^2型），データ構造

5.1　プログラミング言語

5.1.1　言語の特性

　私たちが普段使っている日本語や英語という**自然言語**に対して，**プログラミング言語**は語彙や文法が人工的につくられた人工言語に分類されますが，いず

5.1 プログラミング言語

れも言語として共通する特性があります。

第一は，抽象的な思考を可能にすることです。なにかを考えるとき，具体的に考えたことをより抽象的な概念として捉えることが有用な場面を，日常よく体験します。プログラムでは，対象とする事象を論理的に矛盾のない手続きとして単純化します。それが抽象化，モデル化です。プログラムとは，コンピュータで動くように実体を抽象化して記述したものです。

第二は，言語には有限個の規則（文法）があることです。日本語には日本語，英語には英語の文法があるように，プログラミング言語には，プログラムを生成するための機能的規則があり，体系化されています。

第三は，言語は閉じた体系であってはいけないということです。どのようなプログラミング言語であっても，規則に則りつくることのできるプログラム（文）の数に限りはありません。ただし，無数にプログラムをつくれることと，どんなことでもプログラムでつくれることとは違います。

一方，自然言語と人工言語であるプログラミング言語には大きな違いがあります。それは，自然言語が文脈に依存してさまざまな解釈が存在するのに対し，プログラミング言語でつくられた文（プログラム）は文脈に依存せず，一意の解釈しか存在しないことです。

プログラミング言語は，数学を基礎にした理論体系の下で，定義，定理，証明，考察から構成される**「形式言語理論」**によって，厳密に規定された**形式言語**です。その結果，プログラムを一意に解釈することができ，コンピュータを誤りなく走らせたり，後述する**トランスレータ（コンパイラ，インタプリタ）**

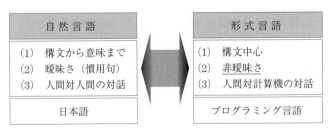

図 5.1　形式言語と自然言語の対比

をつくることを可能にしています（図 5.1）。

5.1.2　モデル駆動開発

　コンピュータで問題を解決するためには，課題群をコンピュータで処理することのできる計算手順（アルゴリズム）に変換しなければなりません。この計算手順を抽象化してモデル化し，モデルとして表現された機能を自動的にプログラムに変換するなど，モデルを中心として効率的にプログラムを開発する手法を，**モデル駆動開発**（model-driven development）と呼びます。

　モデル駆動開発では，その開発ツールを用いてモデル化された機能要素を組み合わせることでプログラム開発（ソースコードの出力）を行うことが可能であるため，プログラムコーディングレベルのバグが発生しにくく，またモデルレベルで視覚的にプログラムを確認することが可能であるため，上流工程でのバグも発生しにくい，というメリットがあります。

　特に複雑なプログラムを開発する場合，モデルを分割してプログラム全体を俯瞰したり，プログラムコンポーネントレベルに詳細化して見ることができるので，プログラミングのトレーサビリティが高く，質の高いプログラムを効率的に開発することができます。現在では当たり前になっている自然言語に近い高水準のプログラミング言語を用いるプログラム開発手法は，高水準言語が開発された 1950 年代ごろにおいては，問題をコンピュータが処理することができる計算モデルに「自動」変換する「自動プログラミング」と見なされていました。なお，ここで変換されたモデルが妥当なものであるか否かは，実際にプログラムを実行することによって確認されます（図 5.2（a））。

　モデル駆動開発ではない従来手法の場合，要求定義，基本設計，詳細設計，コーディングという一連の作業をドキュメントベース（図（b））で実行するため，問題が複雑で大規模化すると各プロセスでバグが発生しやすくなります。

5.1 プログラミング言語　93

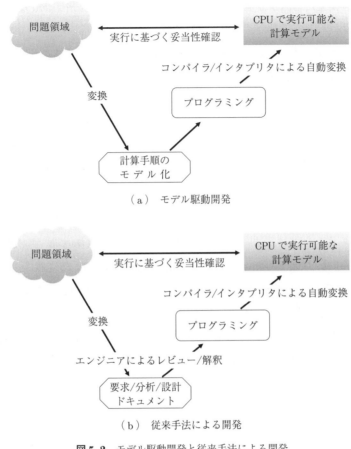

図 5.2 モデル駆動開発と従来手法による開発

5.1.3 プログラミング言語の発展

2.1 節の"チューリングマシン"で説明したように，コンピュータは 2 進数 1, 0 の並び（バイナリ）であるコード（コンピュータの動作命令を表す符号）によって動きます。この 2 進数のコードが「**機械語**」で，コンピュータが開発された初期のプログラムは，すべてこの機械語で書きました。これはたいへんな作業です。

そこで，機械語に 1 対 1 に対応しつつ，意味が比較的容易に理解できる言

葉に置き換えた言語が開発されました。それが，load，store，add などのニーモニックコードを用いた「**アセンブリ言語**」です。

創生期のコンピュータの用途は，弾道計算，レンズの収差補正計算，統計処理など，ほとんどが科学計算でした。しかし，エンジニアや科学者がプログラムを自由に書くには，機械語やアセンブリ言語は難しすぎました。そこでバッカス（John Backus）は"自動プログラミングプロジェクト"を興し，「人間が読めるプログラム（ソースコード）をつくることができ，それをコンピュータが読めるコード（オブジェクトコード）に自動的に変換するプログラム（トランスレータ：コンパイラ，インタプリタ）」の開発に着手しました。

このプロジェクトで開発されたのが，エンジニアや科学者が数式を書くようにプログラムを書けるようにした世界で初めての高水準言語[1]，FORTRAN（IBM Mathematical FORmula TRANslating System：IBM 数式変換システム，1957 年）です。FORTRAN で書かれたプログラムは，どのようなコンピュータであっても，そのコンピュータに対応したトランスレータ[2]をつくっておけば，どのようなプログラムも走らせることができます。これを「**可搬性**（portability）」と呼びます。また，このことによってソフトとハードを分離し，おのおの独立に開発することができるようになりました。なお，この「可搬性」のもつ重要な意義について，開発当時そのようなことは夢にも思わなかった，とバッカスは後年述懐しています。

その後，事務処理計算用の COBOL，計算手順の記述に適した ALGOL，初心者向けのプログラミング言語として広く普及した BASIC，などの高水準言語が開発されました。

---

[1] 機械語/アセンブリ言語に比べ，プログラムを容易にわかりやすく書くことができ，自然言語に近いことから高水準言語と呼ばれています。

[2] トランスレータには，プログラムのすべてを一度に処理して実行命令のバイナリに変換するコンパイラと，プログラムを順次バイナリに変換して実行するインタプリタがあります。前者はプログラムの実行効率に優れ，後者はプログラムの実行状態を調べるのに容易であるという特徴があります。現在使われているプログラミング言語の多くには，両方のトランスレータが備わっています。

5.1.4 プログラミング言語のモデル

5.1.2項で述べたように,プログラムをつくるには問題群を計算モデルに変換することが必要です。一方,プログラミング言語はおよそ200種類以上あるといわれており,それぞれの言語がもつ特性により,計算モデルの表現法が異なります。つまり,プログラミング言語は,アルゴリズムをプログラムに書き起こすときの記述方法や概念の枠組みをつくり出すときの基礎となるものです。

一般に,どのような言語であっても計算モデルに変換することは可能ですが,問題領域それぞれに特有の論理構成があるため,それぞれの計算モデル変換に適したプログラミング言語が存在します。ここでは代表的な言語モデルを四つ取り上げて概説します。

(1) **手続き型モデル**

・手続き型モデルは,流れ図で表され,上から順次手続き処理を行う。

・処理の基本は変数への値の代入である。

・流れを変えるのは,条件分岐,無条件分岐,RETURNなどである。

・手続き型モデルの代表的なプログラミング言語に,アセンブラ,COBOL,FORTRAN(**図5.3**),Cがある。

```
program main
     implicit none
     integer i, j
     character(len=4) k
     i = 10; j = 300
     k = 'ABCD'

     print *, i, j, k
end program main
```

図5.3 FORTRANプログラムの例

(2) **関数型モデル**

・関数型モデルは,関数の集まりで構成され,数式で表される。

・一つの関数に引数を与えることでプログラムが起動され,その関数の

中で定義されている関数がつぎつぎと呼ばれて最終的な結果を出す。
- 関数型モデルは，自分自身を呼び出す再帰という操作ができる。これは，手続き型モデルにおける矢印を使った繰返しと同じ効果をもつ。
- 関数型モデルの代表的なプログラミング言語に，LISP（**図 5.4**），ML がある。

```
"Hello world!!"を表示

> (print "Hello world!!")
"Hello world!!"
> (setq val 2020)
val 2020

LISP では，リストというデータ構造を基本としている。
リストの各要素をアトムと呼ぶ。
LISP で関数を呼び出す式はつぎのような形になる。

> (関数名  引数1   引数2)

このような形の式を S 式という。
S 式を LISP に解釈させることを「評価 (eval)」という。
```

図 5.4 LISP プログラムの例

(3) **論理型モデル**
- 論理型モデルは，計算を論理式の証明と考える。したがって，そのプログラムは論理式の定義の集まりである。
- 論理型モデルは，自動逆戻りという機構を備え，証明するためにあらゆる可能性を検討する。
- 変数には代入ではなく，ユニフィケーションという操作により可能な値を設定する。
- 論理型モデルの代表的なプログラミング言語に，PROLOG（**図 5.5**）がある。

(4) **オブジェクト指向モデル**
- オブジェクト指向モデルでは，構造をもったデータであるオブジェク

5.1 プログラミング言語

```
★事実
「lupin love fujiko（ルパンはフジ子が好きである）」という文を考える。
PROLOGでは，つぎのように事物の関係を表す。
love (lupin, fujiko).

★質問
いくつかの事実があるとき，質問することができる。
質問は ?- という記号を前に付けて表現する。
?- love (lupin, fujiko).  ← 入力
Yes  ← 回答
```

図 5.5　PROLOG プログラムの例

トに手続きが付随している。
- オブジェクトはクラスとして定義され，クラス定義の中で，データや手続きが一緒に宣言される。
- データと手続きを一緒にすることによりプログラムがカプセル化される。
- クラス（オブジェクト生成のための型紙）を使って簡単に類似オブジェクトをつくることができる。
- 対話方式のユーザインタフェース設計に多用されている。
- オブジェクト指向モデルの代表的なプログラミング言語に，Smalltalk，C++，C#，Java（図 5.6）がある。

```
名簿を作成するクラスの例
クラスの中でフィールドとメソッドを定義

class Roster {
  String firstName;
  String lastName;
  Integer age;

  // 名簿の名前を返す
  String getName() {
    return firstName + " " + lastName;
  }
}
```

図 5.6　Java プログラムの例

5.1.5 プログラミング言語に関わるいくつかの補足

（1） 詳しい説明は省略しますが，エディタなどの支援ツールを使ってソースコード（プログラム）を書いた後，それが実際にコンピュータで実行可能なプログラムになるまでの手順を**図 5.7**に示しました。私たちが通常書くプログラムでコンピュータを走らせるためには，その背後に多くのソフトウェアが必要なことがわかると思います。

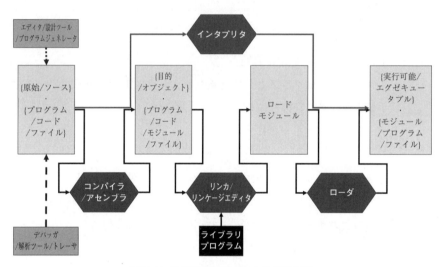

図 5.7　実行可能プログラムの作成手順

（2） プログラミング言語はおよそ 200 種類あるといわれていますが，この形式言語は「多義性のないこと（一意に解釈できること）」という共通の特徴があります。このことはコンピュータを動かす上で不可欠な要件です。したがって，この厳密に規定されたプログラミング言語の使い方を，一つしっかりと学び使いこなすことができるようになれば，他の言語も比較的容易に習得することができます。

（3） これからも，時代の要請する新しいプログラミング言語が開発されるでしょう。時代の要請とは，その時代の多数の人が関心をもち，日々大量に開発されるプログラムです。そのプログラム開発で困難なことに出くわし，その困難を克服するような新しいパラダイムが登場するならば，そのパラダイムの

下で開発するプログラミング言語こそが，次世代の重要なプログラミング言語となるはずです。

　(4)　プログラミング言語の多くは，ほぼ英語をベースにつくられています。しかし，日本語をベースにしたプログラミング言語がないわけではありません。ただ，世界を相手に展開することを考えると，日本語をベースにすることは明らかに不利になるでしょう。

5.2　アルゴリズム + データ構造 = プログラミング

　コンピュータは，入力データを異なる出力データに変えるための命令セットを実行するための装置，ということができます。この入力データは，処理すべきデータや処理されたデータをコンピュータ上でどのような形で入力・出力したり，保持したりするかを指定する"**データ構造**"という形でコンピュータに提示され，入力データをどのように処理し出力データに変えるのかを指定する規則は"**アルゴリズム**"という形でコンピュータに提示されます。すなわち，「**アルゴリズム + データ構造 = プログラム**」なのです[†]。

5.3　アルゴリズム

　1960年代に入ると大型のコンピュータ（メインフレームと呼ばれていました）が商用化され，それに呼応して，銀行システム，流通システム，販売管理システムなど，さまざまな分野で大型のシステムが開発されました。この大型のシステムでは，カバーする問題領域も多岐にわたるため，計算モデルは当然複雑になり，そのプログラム規模は数100万行にも及びます。

　一般に，習熟したプログラマがつくるプログラムでも，1 000行当り4～5個のバグ（誤り，不良個所）があるとされています。この修復（バグとり，デ

[†] Pascalというプログラミング言語を開発した，ヴィルト（Niklaus Wirth）は，"Algorithms + Data Structures = Programs"（1976年）という本を書いています。

バッグ）は大規模になればなるほど困難になるため，システム開発費を押し上げることになります。コンピュータの本体価格に比べ，ソフトウェアの開発費が数倍になるのは，プログラムが人手でしかつくれないからです。

本節では，プログラムの柱であるアルゴリズムを，設計指針，表現手段，評価尺度の三つの視点から考えます。

5.3.1 アルゴリズムの設計指針 ―構造化プログラミング―

問題領域が多岐にわたる大型システムの開発においては，一般に詳細な業務分析の結果や，将来に向けたビジョンなどを反映させることが必要となります。それをアルゴリズム手法という観点から取り上げるのは，本書の範囲を超えています。ここでは，大型システムを構成する計算モデル／アルゴリズムが与えられたとき，その大規模プログラムを正しく効率的に実現するための設計指針について考えるにとどめます。

大規模プログラム開発に向けた設計時の指針，それがダイクストラ（Edsger W. Dijkstra）が提唱した「**構造化プログラミング**」（1972年）です。

その骨子の第一は，プログラミング設計法に関する方法論で，「**段階的詳細法（トップダウンアプローチ）**」（図 5.8）です。まずはじめに大きな流れを書き，徐々に詳細化します。こうすることによって，プログラム全体の見通しが

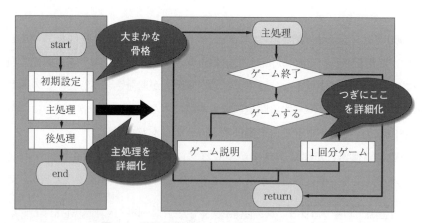

図 5.8 段階的詳細法（トップダウンアプローチ）

よくなります。また，プログラムが小さな「モジュール」（サブルーチンなどのサブプログラムの集合）に分解されるので，プログラムが読みやすく，再利用しやすいという利点が生まれます。大規模システムの開発ではよくある"手戻り"，つまり後から機能を追加したり削除したりなどするとき，すでにつくり終えたプログラムを書き直さなければなりませんが，その場合でも容易に対応することができます。

第二は，アルゴリズム（プログラムの書き方）に関する方法論で「**基本3構造**」（**図 5.9**）による記述です。すべてのアルゴリズムは，"順次"，"繰り返し"，"分岐・選択"の基本3構造だけで表現することができます。プログラムを煩雑にする元凶の"go to 文"が不要となり，プログラムを上から下に順に読むことができるようになります。

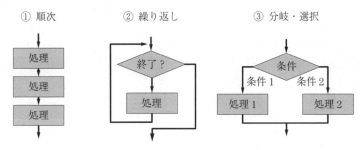

図 5.9 アルゴリズムの基本3構造

基本3構造をサポートするプログラム文を「**構造化文**」，言語仕様として構造化文をもつ言語を「**構造化言語**」といいます。ヴィルトが開発したプログラミング言語 Pascal（1971 年）はその例です。

5.3.2 アルゴリズムの表現手段 —構造化チャート—

アルゴリズムから的確に，効率的にプログラムを書き起こすためには，手順を整理し構造化して表現することが有用です。一般的にはフローチャートですが，それよりも構造的な図式で表現されていて見やすい「**構造化チャート**」が開発されています。

「構造化チャート」は，順次，選択，繰り返しを表記する記号を用いて手順

を構造化したもので，全体の構造が階層化され，プログラムの全貌を把握しやすく，また処理手順が一方向（上から下へ）になるため，制御構造がわかりやすいという特徴があります。加えて，属人性（人による表現の差異）が排除され，誰でも同じようにアルゴリズムをつくれるという利点もあります。

大手の企業では，独自の構造化チャートを開発し，それに加えて構造化チャートを自動的にプログラム化できるシステムを所有することで，プログラム開発の効率化を図っています．**表 5.1** にさまざまな構造化チャートの例を示します．

表 5.1 構造化チャートの例

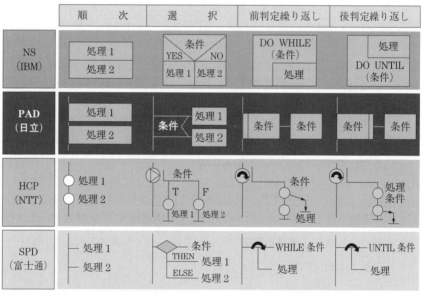

- NS （Nassi-Shneiderman chart）：IBM 社
- HCP （hierarchical and compact description）：NTT
- PAD （problem analysis diagram）：日立製作所
- SPD （structured programming diagram）：富士通

5.3.3 アルゴリズムの評価尺度 —計算量理論—

情報工学の世界観は，「すべては計算（コンピュータ上で行うことを"計算"と総称）である」なのですが，計算では解けない（計算不可能，プログラムでは表現できない）課題もあり，**計算量理論**という学問分野で議論されていま

す．本書では，アルゴリズムの評価尺度として特に重要な三つについて概説します．

一つ目は「**計算可能性**」で，アルゴリズム形式で記述できないために解けない問題はあるか，を考えます．解けない問題として，停止問題，等価問題，ライスの問題[†]などがあることが知られています．本書では詳述しませんが，計算不可能な問題には，独創的な問題解決戦略が必要となります．

二つ目は「**正確さ**」で，アルゴリズムが正しいことをどのようにすれば確かめることができるか，を考えます．

一般に，そのアルゴリズムが所定の問題を解決できる，ということの証明はきわめて困難なことから，アルゴリズムの証明は行いません．商用のシステム開発においては，事前にテスト項目を決めておきそれがクリアされれば一応正常（正確）に動作したとしています．実際は運用していく中で，アルゴリズムの欠陥が見つかることがあります．また，アルゴリズムが正しかった場合でも，プログラムにする段階でエラー（誤り）が発生することも多々あります．プログラムのバグエラーの生起確率は，プログラムの複雑さやデータ量などに比例します．

三つ目は「**複雑性**」で，アルゴリズムは存在するが実際の有限なコンピュータ資源の下では解決できないような問題はあるか，を考えます．ここで，有限なコンピュータ資源の主要要素は，メモリ容量と動作速度です．メモリ不足で処理できない場合や，動作速度が遅いために規定の時間内では解が求められない場合などがあります．前者は基本的に扱うデータ量に依存しますが，後者はアルゴリズムを工夫することで解決できる場合があります．

アルゴリズムには，実行時間が

[†] 停 止 問 題：任意のプログラムが無限ループに入るか停止するかを判断する問題．
　　等 価 問 題：二つのプログラムが実際に同一のタスクを実行するかを判定する問題．
　　ライスの問題：任意のプログラムが与えられたアルゴリズムで特定されるとおりに与えられたタスクを実行するか否かを判定する問題．

(a) 指数関数的に増大する 2^N 型

　　ex. チェス[†]の全指し手から最善手を選ぶプログラム

(b) 多項式的に増大する N^2 型

　　ex. 加減乗除の計算プログラム

の2種類があり，前者の 2^N 型のアルゴリズムは計算量が膨大となり，実質的に計算不可能となることがあります．そこで，例えばコンピュータグラフィックスなどでは，計算モデルを工夫し，後者の N^2 型のアルゴリズムに変換して計算可能にしたりします．

　また，N^2 型アルゴリズムが未発見で，存在しないことも証明されていない問題もあります．"セールスマンが，N 個の町を最小時間で，それぞれの町を1回ずつ訪れ1巡する"という巡回セールスマン問題や，"授業時間枠が決まっているとき，全学生が必要な科目を受講することのできる時間割"をつくる時間割問題などがその例です．

　実社会においては，通信ネットワークの設計と運用，大量のデータ解析，建築物の構造設計など，厳密な解ではなくとも，近似解で十分に役に立つ場合が少なくありません．そこで近年，厳密な解を求めると現実的な限界がある問題について，近似的に解決するアルゴリズムの考案を目指す「アルゴリズム工学」という学問が生まれました．例えば，巡回セールスマン問題では，訪問ルートが最短距離でない場合もある程度許容したり，一つの町だけ2度通ることを許容するなどすれば，厳密解ではありませんが解を求めることができます．

5.4 データ構造

5.4.1 データ構造の体系

　人間は物事を覚えたり，昔の記憶を引き出したり，暗算するときなど，脳の資源をどのように使うかなどをまったく意識せずに行っています．しかし，コンピュータでは，記憶するときには記憶する場所を意図的に確保しておく必要

[†] ゲームの探索空間…チェス：10^{40}，将棋：10^{80}，囲碁：10^{170}．

があります。記憶したデータを取り出したり処理したりするときには，データの記憶の仕方，データの取り出し方によって処理効率が大きく異なります。

データ構造とはデータを記憶し操作するための表現形式ですが，適切なデータ構造の選択が効率のよいアルゴリズムをつくります。

データ構造は，データ型と問題向きデータ構造に大別されます（**図5.10**）。さらに前者のデータ型には，整数型，文字型などの基本データ型と，配列型，構造体型などの構造データ型があります。後者の問題向きデータ構造は，プログラマが自分でつくるデータで，グラフやリストなどです。

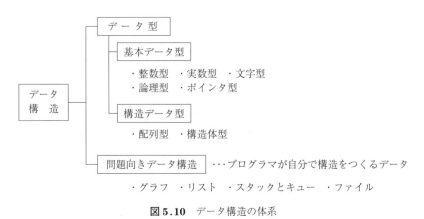

図5.10 データ構造の体系

5.4.2 データ構造を規定する四つの基準

コンピュータで効率よくデータ処理するためには，適切なデータ構造を選択することが重要です。このデータ構造を規定する基準にはつぎの四つがあります。

(1) 構成要素の変動特性：
   静的（固定サイズの）データ構造…ex. 1年の月の数，保険番号など。
   動的（可変サイズの）データ構造…ex. 人口，売上高など。

(2) 構成要素の質的特性：
   均質のデータ構造：配列…ex. 構成要素がすべて数値など。
   不均質のデータ構造：構造体…ex. 名前，点数などを組にした並びな

ど。

(3) 選択演算子： 必要な構成要素を取り出す秩序だった方法。

ex. 通し番号による指定，E_4, C_{A1} など。

(4) 構成要素の組織構造：

静的データ構造…ex. ベクトル，マトリックスなど。

動的データ構造…ex. キュー，スタック，リスト，ツリーなど。

5.4.3 いろいろなデータ構造の例

図 5.11 を参照。

(1) **配　　列**　　1種類のデータの並び。1次元の配列がベクトル，2次元の配列が行列/マトリックス。

(2) **構　造　体**　　種類の異なるデータを組にした並び。

(3) **リ　ス　ト**　　型の異なる可変数の要素から成る線形データ構造。挿入や消去によってリストの長さが変わる。

(4) **木（ツリー）**　　構造内の個別要素の論理関係を表現するための階層構

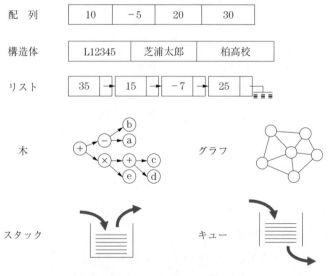

図 5.11　いろいろなデータ構造の例

造データ。再帰的アルゴリズムを扱う際のデータ構造に最適。

(5) **グ ラ フ**　　木構造やリスト構造をより一般化したデータ構造。

(6) **ス タ ッ ク**　　長さが可変のシーケンスで，項がいずれか一方の端のみに加わり，取り出される。「後入れ先出し」。

(7) **キ ュ ー**　　長さが可変のシーケンスで，一方の端に新たな項が加わり，もう一方の端から取り出される。「先入れ先出し」。

上述のように，配列を使うと同一のデータ型，同一サイズのメモリ要素が物理的に連続して並びます。つまりデータが物理的に隣接して蓄えられているので，参照が高速にできることが大きな特徴です。一方，宣言したサイズの分だけメモリの中に空き領域が連続的に確保できなければ，プログラムは実行できません。また，プログラムであらかじめ宣言したサイズ分しか使用できないため，使用メモリ量がこれを超えないように管理する必要があります。したがって配列の形式でデータを扱うと，計算処理は高速になりますが，柔軟性に欠けるという特徴をもちます。

それに対してリストは，配列と異なり型の違うデータを混在して扱うことができ，また物理的には隣接していないメモリ領域の中にデータを蓄えることができます。つまり，リストでは，種々のデータをポインタを利用して接続することによりひとまとまりに扱うことができるという，きわめて柔軟な構造をもつことができます。一方，要素を一つずつたどっていくための処理操作を指示しなければならないので，処理するときはポインタをたどる時間が必要となり，処理速度を低下させる場合があります。したがって，リストの形式でデータを扱うと，柔軟性はありますが高速性に欠けるという特徴をもちます。

データを配列という構造で扱い，クイックソートアルゴリズムを使った"整列プログラム"や，データをリストという構造で扱い，深さ優先探索アルゴリズムを使った経路探索プログラムなど，「データ構造」＋「アルゴリズム」＝「プログラム」というように，この二つの組合せでプログラムになります。

5 章の参考文献：

1) 大山口通夫，五味　弘：プログラミング言語論，コロナ社（2008）
2) まつもと　ひろゆき：言語のしくみ，日経 BP 社（2016）
3) Bruce A. Tate（まつもと　ひろゆき　監訳）：7 つの言語 7 つの世界，オーム社（2011）
4) 杉原厚吉：データ構造とアルゴリズム，共立出版（2001）
5) 藤田　聡：アルゴリズムとデータ構造，数理工学社（2013）
6) 今泉貴史：プログラミングに活かすデータ構造とアルゴリズムの基礎知識，アスキー（2004）

6 オペレーティングシステム

　2.3節で述べたように，コンピュータは，制御装置，演算装置，主記憶装置，入力・出力装置の五つの機能で構成されています。これらの機能を効率的に容易に使えるようにするための基本となる制御ソフトウェアを，オペレーティングシステムと呼びます。

　本章では，オペレーティングシステムの開発の歴史を踏まえながら，オペレーティングシステムの役割やさまざまなオペレーティングシステムについて概説します。

6章のキーワード：
オペレーティングシステム（OS），API，システムコール，レスポンスタイム，ターンアラウンドタイム，スループット，リアルタイム OS，分散 OS，クラウド OS，UNIX，LINUX，Windows，MacOS，Android，iOS，Java，Java 仮想マシン，プラットフォーム

6.1　オペレーティングシステムの定義

　2章で説明したように，私たちが使っているノイマン型コンピュータの大きな特徴の一つは，すべての計算を最終的には0か1のビットレベルに落とし，その1ビット1ビットを逐次処理して計算することです。したがって，数値の足し算であれ，論理演算であれ，画像や音声などのデータであれ，すべての情報がビットレベルで処理されます。言い換えれば，このことによって数値や文字，メディア情報など，すべてのデータがビットレベルで統一的に処理できるという汎用性が実現されています。だからこそ，一つのコンピュータで，ワープロも，情報検索も，画像処理も実行できるのです。

一方，これらのさまざまなアプリケーションを実行するときには，プログラムファイルを開いたり保存したりします。検索したデータをスプレッドシートに貼り付けることもあるでしょう。コンピュータを利用するときは，キーボードやマウス，プリンタなどが必要となります。これらがスムーズに実行されるためにはそれを動かすソフトウェアが必要であり，それを担っているのが**オペレーティングシステム**（operating system, **OS**）と呼ばれる基本ソフトウェア（制御ソフトウェア）なのです。JISでは，OSをつぎのように定義しています。

「**プログラムの実行を制御するソフトウェアであって，資源割り振り，スケジューリング，入出力制御，データ管理などのサービスを提供するもの。**」

私たちが使っているワードプロセッサや電子メール，Web閲覧などのアプリケーションプログラムは，すべてこのOSの上で動いているのです（**図6.1**）。

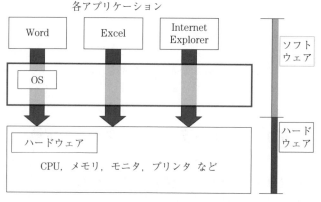

図**6.1** OSの上で動くアプリケーション

6.2 オペレーティングシステムの役割

OSが担っている主な役割は五つあります。

(1) **ファイルを管理する**： コンピュータで作業をするとき，データファイルを「保存」，「開く」などする機能を担っています。アプリケーショ

6.2 オペレーティングシステムの役割

ンプログラムがメモリ上にデータを保持する場合のメモリ割当てや，データをディスクに保存する場合の記録区画の割当てなど，すべてOSが管理しています。OSがなければ，クリック一つでファイルを開くこともできません。

(2) タスクを管理する： タスクとは仕事や課題のことを指します。OSはコンピュータのタスクを管理する役割を担っています。例えば，ネットで検索したデータをスプレッドシートに貼り付けるとき，検索ブラウザとスプレッドシートという二つのタスクをコンピュータがフリーズしないように管理しているのもOSです。

(3) メモリを管理する： メモリはよく机にたとえられます。作業をするときに，その机が大きければ大きいほどいろいろな作業を同時に並行して行うことができます。これがメモリの大きさ（容量）です。OSはアプリケーションプログラムが起動されるとそのためのメモリ区画を確保し，プログラムが終了するとメモリ区画を解放するなど，コンピュータのメモリを管理して多くの作業を並行して行えるようにする役割を果たします。

(4) 周辺機器を管理する： キーボードやマウス，プリンタなど，コンピュータには多くの周辺機器があります。基本的に特別な操作をすることなく，コンピュータに接続すれば使えるようにしているのがOSです。もしこのOSがなければ，キーボードをパソコンに接続しても文字を打つことはできません。

(5) 汎用的な基本プログラムを呼び出すAPIを提供する： 新しいプログラムをつくる場合，すべての機能をはじめからつくるのはたいへんです。そこでコンピュータには，ファイル制御，ウィンドウ制御，画像制御，文字制御など，よく利用する汎用的な機能を実現するプログラムモジュールをあらかじめ備えています。そのプログラムを利用するための，呼び出し手順や記述方法などを定めた仕様（インタフェース）を，**API** (application programming interface) と呼びます。このAPIによって，す

べての機能を独自に開発することなく，プログラムの開発を効率的に行うことが可能になります[†]。

6.4節で後述するように，目的に応じてさまざまなOSが開発されていますが，OSとして共通する目標にはつぎの四つがあります。

(1) <u>応答時間の短縮</u>： レスポンスタイムあるいはターンアラウンドタイムともいう。

> **レスポンスタイム**（response time） 処理の実行指示を与えてから最初の応答を得るまでの時間を指します。オンライン業務の場合などでは，コンピュータからの速い応答が求められます。
>
> **ターンアラウンドタイム**（turn around time） システムに処理要求を送ってから，結果の出力が終了するまでの時間を指します。大量のデータを一括処理するバッチ処理などにおいては重要です。

(2) <u>スループットの向上</u>： コンピュータの資源の遊びを低減し，単位時間に処理する仕事量を向上させることが求められます。

> **スループット** 単位時間当りの処理件数のことを指します。

(3) <u>信頼性の向上</u>： コンピュータは社会の基盤を担っており，システムがダウンすれば甚大な被害を社会にもたらします。したがって，OSの不具合を早期に検出し，回復やフェイルセイフなどの対処が迅速にできることは，コンピュータの信頼性を向上する上できわめて重要です。また，近年ではセキュリティ対策が重要な課題となっており，OSレベルでもその対応が求められています。

[†] 例えば，「画面に"Hello"と表示するWindowsアプリケーション」をつくる場合，厳密に考えればつぎのようなプログラムが必要となります。
・白と黒のドットの組合せで"Hello"という文字に見えるデータをつくる。
・そのデータをディスプレイアダプタのフレームバッファに読み込ませる。
・そのフレームバッファから正しくディスプレイに表示するための電気信号が生成されるように，グラフィックカードを制御する。
しかし，実際にはこのアプリケーションをつくる際に必要になるのは
・Windowsが備えている「画面に文字を表示する機能」に，"Hello"という文字を渡すだけでよいのです。つまり，上記のような複雑な仕事はすべて，提供されている基本機能をWindowsというOSのAPIを介して利用すれば簡単に実現できます。この基本機能を実現する関数を呼び出す行為を，**システムコール**と呼びます。

(4) 使いやすさの向上： アプリケーションに依存しない一貫した操作を，**UIMS**（user interface management system）として提供します．特にユーザインタフェース設計の良否は，コンピュータシステムの重要な評価尺度となっており，さまざまなシステム操作をスムーズに実行することができるよう，その充実が求められています．

OS の目指すべき一般的な目標を四つ挙げましたが，OS は用途に応じて適切に選択する必要があります．OS はこれらすべてを同時に満たすことは難しく，例えば，信頼性を重視するために応答時間が犠牲になるなど，相反することもあるからです．どのようにバランスさせるかには，OS の設計思想が反映されます．

6.3 オペレーティングシステムの誕生と意義

1946 年に開発された世界最初の電子式コンピュータ ENIAC のプログラムは配線で与えられました（2.2 節 参照）．1949 年に開発された世界最初のプログラム可変内蔵方式のコンピュータ（ノイマン型コンピュータ）EDSAC は，プログラムを読み込み，記憶装置に蓄えるための初期入力ルーチンを備えていました．もちろん，この時代に OS という概念は存在していませんでした（1 章 参照）．

1950 年代に入り，コンピュータの有用性が認識されその利用が徐々に広まり始めると，コンピュータの入出力など，プログラム間で共通して使える機能をまとめたプログラムが開発されました．これがオペレーティングシステムの原形です．その後このプログラムにはさまざまな機能が追加され，コンピュータの進化に呼応して発展してきました．

オペレーティングシステムの機能と概念を確立したのは，1964 年に IBM が開発した IBM System/360 でした．

6. オペレーティングシステム

【IBM System/360, OS/360】

それまでの IBM のコンピュータは利用目的別に設計されており，ハードウェアの製品シリーズごとに別のソフトウェアが必要でした．したがって，製品シリーズの違うコンピュータシステムの間では，ソフトウェアの互換性がありませんでした．これは，ある特定の目的のために動作するソフトウェア（**アプリケーションプログラム**（application program, **AP**））がシステムのハードウェアと密接に絡み合い，AP がコンピュータ資源全体を管理しなければならなかったことを意味します[†]．

OS/360 を導入することによって，コンピュータの資源管理を初めてアプリケーションから切り離すことができました．このことは，それ以前の特定のハードウェアに特化したソフトウェアしか動かないコンピュータシステムの世界を，ハードウェアに依存することなく汎用的にソフトウェアが使えるコンピュータシステムの世界に変化させたことを，意味します．その後 System 360 は，370, 4300, 3080, 3090 といった IBM シリーズに引き継がれていきます．これらのシステムは，"汎用機"と呼ばれるコンピュータシステムの代表です．

パーソナルコンピュータ（personal computer, **PC**）の分野では，マイクロプロセッサの性能向上によって，それまでの **CUI**（character user interface）が **GUI**（graphical user interface）に転換したことがコンピュータの世界を変えました．GUI が最初に商用化されたのは Xerox の Alto でしたが，その後 Apple の Macintosh に GUI が採用されました．とりわけインパクトが大きかったのは，この当時大きなシェアを誇っていたマイクロソフトが GUI ベースの OS である Windows をリリースしたことでした．

この節では，Windows を例として OS 開発のインパクトについて概説します．

[†] 例えば，事務処理には事務処理専用システムおよびソフトウェアを，科学計算には科学技術専用システムおよびソフトウェアを用意しなければなりませんでした．また，同じ専用システムでも，メモリ容量やプロセッサのスピード，入出力デバイスの数など，システムの構成が違えば，それだけでソフトウェアの互換性が失われてしまいました．

6.3 オペレーティングシステムの誕生と意義

【Windows 以前・以後】

Windows の前身となる OS が MS-DOS（Microsoft Disk Operating System）です。MS-DOS の時代には，NEC の PC-9801，富士通の FMR，東芝の Dynabook など，国内にはさまざまな機種の PC が競合していました。

これらの機種は，いずれもインテル社の 486 や Pentium などの x86 マイクロプロセッサを搭載していましたが，メモリや I/O アドレスの構成が異なっていたため，MS-DOS 用の AP は PC の機種ごとに専用のものが必要でした。x86 は周辺装置との入出力のための専用の I/O アドレス空間を備えていますが，どの周辺装置に何番地のアドレスを割り当てるかは，機種によって異なっていたからです†。

また，MS-DOS では，グラフィック処理，マルチタスク，仮想メモリ機能を備えていなかったので，グラフィック処理を行うためには OS を経由せず，直接ハードウェアを制御する必要がありました。したがってこの部分で，どうしても機種依存が発生していたのです（**図 6.2**）。

それに対し，Windows ではハードウェアの制御は基本的にすべて Windows が担務します。その結果，Windows では，ハードウェアが異なる機種でも同

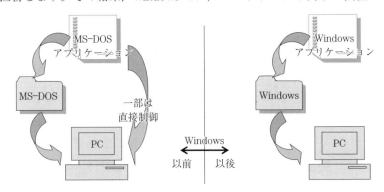

図 6.2 Windows が登場する以前と以後

---

† 当時の売れ筋であったワープロソフト「一太郎」を使いたいのなら，それぞれの機種専用の一太郎を買わなければなりませんでした。AP の機能の中に，コンピュータのハードウェアを直接操作する部分があったからです。MS-DOS の機能が不十分だったことや，プログラムの実行速度を高めるためにはハードウェアを直接操作する必要があったこと，などがその理由です。

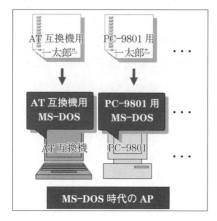
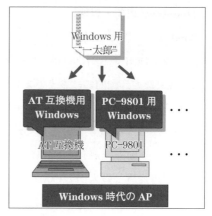

図 6.3 Windows の貢献

じ AP を利用することが可能となったのです（**図 6.3**）。

6.4 さまざまなオペレーティングシステム

　前節で述べたように，OS はコンピュータを統合的に管理して，コンピュータが具備するさまざまな資源を効率的に利用できるようにする基本ソフトウェア（制御ソフトウェア）です．当然のことですが"効率的"，"優れた"ということが具体的にどのようなことを指すのかは，コンピュータの利用形態やその目的によって異なります．

　本節では，いくつかの OS を取り上げ，その特徴などについて概説します．

〔1〕 **リアルタイム OS**（real-time operating system）　　OS の主要な機能であるコンピュータの資源管理の中で，時間資源を優先させてタスクの実行順序を決める"優先度ベーススケジューリング"により，リアルタイム性が要求される処理に適した OS です[†]．

[†] 従来の情報系 OS は，一定時間ごとに処理を切り替える方式（ラウンドロビンスケジューリング）を採用しています．このラウンドロビンスケジューリングでは，すぐに処理をしたい場合でも，他の処理が完了するまで待たなければならず，リアルタイム OS のタスクスケジューリングのように，高い優先度の処理が優先的に実行されることはありませんでした．

リアルタイム OS を利用することで，リアルタイム性が重視されるシステムのプログラムの作成が容易になります．例えば，車の制御装置といった組込みシステムでは，機器に要求される機能ごとにタスクを実装し，それぞれが意図したタイミングで実行されるように優先度をダイナミックに割り当てます．

〔2〕**分 散 OS**（distributed operating system） ネットワークでつながった複数のコンピュータや，複数のプロセッサを搭載したコンピュータを，あたかも1台のコンピュータとして動いているかのように扱い，計算資源を分配し，計算負荷を分散させて計算効率を上げる仕組みを提供するのが，分散 OS です．このように，複数のコンピュータをネットワークに接続し，全体として効率よく処理することを目的とした分散システムには，「**負荷分散**」と「**位置透過**」という二つの重要なポイントがあります．

「負荷分散」とは，比較的負荷の少ない（あまり計算をしていない）コンピュータにはより大きな負荷を与え，負荷の多い（すでに計算をしている）コンピュータにはその負荷を減らすことにより，全体として負荷を均一化させることです．

上記のように，分散 OS の役割は，情報処理の単位となるプロセスを分散させるのが第一ですが，データ自身を分散させることも必要です．そこで，分散 OS が「自律的に」プロセスやデータを他のコンピュータに移動するようにします．このように，プロセスやデータが各コンピュータで扱えると同時に他のコンピュータへ移動することができる状態を，「位置透過」といいます．

〔3〕**クラウド OS** メールの送信，Web サイトの閲覧，オーディオビデオのストリーミング，ソフトウェアのオンデマンド配信など，現代ではおそらく誰もがクラウドコンピューティングを利用しているでしょう．クラウドコンピューティングとは，ネットワークで接続されたコンピュータの資源（サーバ，ストレージ，データベース，ネットワーク，ソフトウェアなど）をネットワークを介して共有することです．このようなコンピューティングサービスを提供している企業は，**クラウドプロバイダ**と呼ばれています．

いま述べたように OS は，一般に，一つのコンピュータの中にある各種リ

ソース（CPU/メモリ/入出力など）を管理し，それをAPなどのプロセスに割り当て，コンピュータシステム全体を円滑に動作させます．APから見ると，OSが管理する各種リソースは抽象化されており，ハードウェアの詳細な仕組みを理解していなくても利用可能になっています．この考え方をクラウドコンピューティングに拡大したのがクラウドOSで，その大きな特徴の一つは，仮想サーバや仮想ストレージ，仮想ネットワークなど，コンピュータ資源のほとんどすべてが仮想化されている点にあります．

これら仮想化された資源は，ネットワークに接続された端末からAPIをコールすることによって利用することができます．クラウドOSは，クラウドプロバイダが提供するデータセンターを稼働させ，インターネットやその他のネットワーク経由で，ユーザがそれを容易に効率よく使用できるようにつくられています．

〔4〕 **OSの系譜** コンピュータの基底を担うOSは，技術の進歩，サービスの多様化に伴い，いまなお進化しつづけています．このOSの世界では，AT&T（米国電話電信会社）のベル研究所が開発したUNIXが多くのOSの親となっています．UNIX自体が高水準言語であるC言語で書かれていたこと，ソースコードが無償で提供されたこと，がUNIX普及の大きな理由です．現在

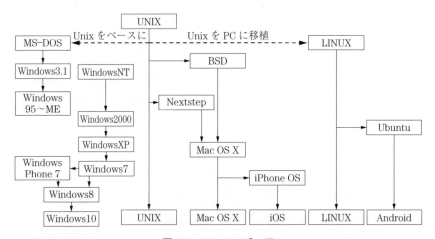

図**6.4** OS の 系 譜

では，UNIX をはじめ，それを起点に派生した LINUX，Windows，MacOS，Android，iOS などが主要な OS となっています（図 **6.4**）。

6.5 オペレーティングシステムに関わるいくつかの補足

〔1〕 どこでも同じ実行環境を提供する Java 仮想マシン　　Java には二つの側面があります。一つはプログラミング言語，もう一つはプログラムの実行環境です。

　Java は他のプログラミング言語と同様に，Java の文法で記述されたソースコードをコンパイルしたものを実行します。ただし，コンパイル後に生成されるのは，特定のプロセッサ用のネイティブコードではなく，"バイトコード[†]"なのです。

　バイトコードの実行環境を **Java 仮想マシン**（Java virtual machine，**JavaVM**）と呼び，この JavaVM は，Java バイトコードを逐次ネイティブコードに変換しながら実行します。したがって，さまざまな種類の OS やプロセッサの機種に合わせて JavaVM を作成しておけば，同じバイトコードのアプリケーションをさまざまな環境で動作させることができます。

　OS から見れば JavaVM は一種の AP であり，JavaAP から見れば JavaVM は OS そのものです（図 **6.5**）。

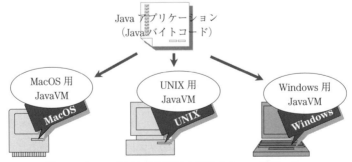

図 6.5　どこでも同じ実行環境を提供する Java 仮想マシン

[†]　バイトコードとは，ソースコードとネイティブコードの中間に当たる形式で，命令を 1 バイトで表現していたことから，バイトコードと呼ばれています。

このように，どの OS でも同じ実行環境を提供できることから，Java は広く使われるようになっています．ただし，Java にはつぎのことが問題として挙げられます．

- 異なる JavaVM の間で完全な互換性はとれていないこと：
  - どの JavaVM でもあらゆるバイトコードを動作可能にすることは一般に困難です．
  - 特定のハードウェアにしかない機能を使うときは，他の JavaVM では使えないことがあります．
- 実行時に毎回バイトコードをネイティブコードに変換するため，実行速度が遅くなること：
  - 改善策として，一度変換したネイティブコードは保管し，2 度目からは直接ネイティブコードを利用する技術があります．
  - バイトコードの中で，処理時間が多くかかる部分の最適化などによる高速化技術が開発されています．

〔2〕 **AP の動作環境 —プラットフォーム—**　皆さんが，例えばお絵描きソフト（AP）を購入するとき，自分のパソコンで使えるかをなにでチェックしますか．この章を理解した人なら，すぐに OS と答えるでしょう．それは OS の種類ごとに，種々の基本機能を利用するための API が異なるからです．

それにもう一つ，ハードウェア（プロセッサ）が同じであることが必要です．ハードウェアごとにプロセッサを動作させるためのマシン語が異なるからです．

このように，OS とハードウェアが合えば AP は原則動作するはずです．ただし，画像処理など大きなメモリが必要な場合，メモリ不足で動作しないこともあります[†]．

[†] 例えば，"Painter" というペイントツールのソフトでは，その動作環境として
　OS：Windows10（64 ビット），Windows8.1（64 ビット）または Windows7（64 ビット）
　CPU：Intel Pentium4，AMD Athlon64 または AMD Opteron（Intel Core2 Duo 以上推奨）
　メモリ；2 GB RAM（4 GB RAM 推奨）
となっています．

なお，この「OS＋ハードウェア」を **"プラットフォーム"** と呼びます。

6 章の参考文献：
1) 並木美太郎：オペレーティングシステム入門，サイエンス社（2012）
2) 柴山　潔：コンピュータサイエンスで学ぶオペレーティングシステム，近代科学社（2007）
3) 毛利公一：基礎オペレーティングシステム ―その概念と仕組み―，数理工学社（2016）
4) 吉澤康文：オペレーティングシステムの基礎 ―ネットワークと融合する現代OS―，オーム社（2015）

7 コンピュータネットワーク

　音声通信サービスを主体に発展した電話網の時代から，携帯電話を中心とする移動通信ネットワーク，そして近年ではインターネットやクラウドサービスなど，コンピュータネットワークの時代へと推移してきました．これからはさらに，企業の業態を変革し，人と人とをつなぐメディアとして，社会の景色を変えるような新しいネットワークサービスが出現するでしょう．

　本章では，インターネットを中心に，コンピュータネットワークの基本概念や機能を歴史的な発展を踏まえながら概説します．

7章のキーワード：
分散処理システム，クライアント/サーバシステム，LAN，MAC アドレス，ネットワークトポロジー，イーサネット，無線 LAN，Wi-Fi，パケット通信，インターネット，TCP/IP，通信プロトコル，OSI 基本参照モデル，IP アドレス，DNS，ドメイン形式，プロトコル階層，World Wide Web（WWW），ハイパーテキスト，HTML，Web ブラウザ，HTTP，URL，IP 電話，コンピュータウイルス，セキュリティホール

7.1 通信ネットワークの発展

　通信ネットワークは，道路や電気，水道と同様に社会になくてはならない基盤（インフラストラクチャ）として，私たちの生活を支えています．この通信ネットワークには100年を超える歴史があり，技術の進歩や社会の要請などを背景に，いまもなお発展をつづけています．本節では，その中でも特に重要な電話網，移動通信ネットワーク，コンピュータネットワークの三つについて簡潔に歴史を振り返り，現代に至る道筋をたどります．

7.1.1 電話網 —アナログ通信網からディジタル通信網へ—

2000年ごろまでのネットワークの代表は電話網です。わが国の電話サービスは1890年に東京-横浜間で始まり，ピーク時の加入電話は6 350万台（1996年）に達しています。

その一方で，1980年代に入ると，音声通信だけでなく，ネットワークを使ったファクシミリやデータ通信などのサービスが発展してきました。1986年の各サービスの前年からの伸びを見ると，電話が1.03倍と頭打ちになっている

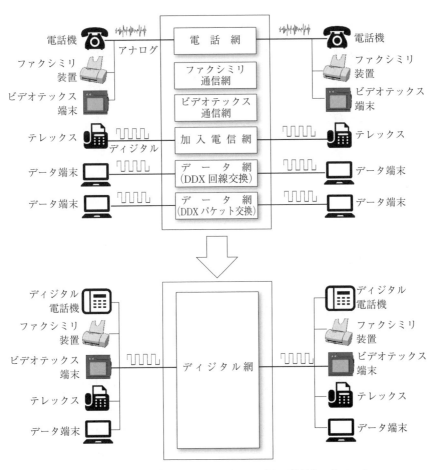

図7.1 アナログ通信ネットワークからディジタル通信ネットワークへ

のに対して，ファクシミリは1.87倍，データ通信などのパケット網を利用する端末機器は41倍にも増加しています．しかし，アナログ信号で通信する電話が主体の通信ネットワークでディジタル情報を扱うには，例えばモデムなどの特殊な機器が必要です．そのため，NTTなどの通信会社は，アナログ通信，ディジタル通信それぞれのサービスごとに個別のネットワークを提供していましたが，これは開発やメンテナンスを考えれば非常に非効率でした．そこで，音声信号も含め，すべてをディジタル信号で扱うディジタル通信ネットワークへと切り替えることになったのです（**図7.1**）．それが，1988年にサービスが開始された**ISDN**（integrated services digital network）です．

4章で述べたように，ディジタル信号はコンピュータとの相性がよく，アナログ信号より伝送品質が高いこと，通信信号を一元的に扱えるため音声や画像などのメディアの融合やデータ圧縮による経済化が可能なこと，さらにはプロトコル変換や通信速度の変換が可能なことなど，多くの利点を生み出しました．通信におけるディジタル化は，今日の飛躍的な情報通信の発展につながっています．

7.1.2 移動通信ネットワーク —ケータイそしてスマートフォンへの道—

"いつでも，どこでも，誰とでも"電話のできる携帯電話のルーツは，クルマから持ち出せる「自動車電話」です．その持ち出せる自動車電話の最初の商用機が，肩にかけて持ち運ぶ"ショルダーホン"（1985年）で，重さは約3kgありました（**図7.2**）．その後，小型で大容量の電池などの開発が進み，1987年に手のひらに乗るハンディタイプの無線電話機が登場しました．それが携帯電話機です．

携帯電話の利便性が社会に認められるようになると，電話機能だけでなく，それぞれの時代の最先端機能を備えた通信機器として進化していきます．着メロ（1996年），ショートメッセージサービス（short message service, SMS, 1997年），そして携帯電話を使ったインターネットサービスが提供され（1999年），携帯メール（電子メール）が始まりました．この年にはカメラ付き携帯

7.1 通信ネットワークの発展　　125

図 7.2　外に持ち出せる自動車電話"ショルダーホン"

電話機も発売され，翌年には携帯電話機のカメラで撮影した画像をメールに添付して送る「写メール」が商用化されました。

ネットワークでは，当初のアナログ方式からディジタル方式へ（1993 年），さらには **W-CDMA**（wideband code division multiple access）方式による**第三世代（3G）**の携帯電話サービス（2001 年），それを進化させた **LTE**（long term evolution, 2010 年）が導入され，テレビ電話，そして PC を接続した高速のデータ通信が可能になりました。その後，インターネットを介したさまざまなアプリを簡易なタッチ操作で楽しめる**スマートフォン**（iPhone, 2007 年），さらには**タブレット端末**（iPad, 2010 年）へと進化し，PC に代わる新しいコンピュータの世界を拓きました。

携帯電話の普及は目覚ましく，1999 年には各家庭に 1 台あった黒電話（加入電話）の台数を超え，近年では 1 人に 1 台のパーソナルユースのコミュニケーション手段となっています。まさに，人と人をつなぐ"メディア"になったわけです[†]。また，スマートフォンを車載情報システムや住宅設備，ウェア

[†] PC の概念を最初に提唱したアラン・ケイ（Alan Kay）は，1972 年の論文（Proceedigs of the ACM National Conference, Boston, MA）で，"PC の究極の姿は，人と人をつなぐメディア機械である"と述べています．

ラブル端末（8.2節，8.3節 参照）と接続するなど，コンピュータネットワークを活用した新しい応用がつぎつぎと開発されています．さらに，2020年に向かっては，超高速・大容量の無線通信ネットワーク（**5G**）の商用化が計画されており，新時代を築くさまざまなサービスの展開が期待されています．

7.1.3 コンピュータネットワークの台頭

コンピュータネットワークとは，コンピュータを通信回線でつないだ通信ネットワークのことですが，現在のように広く社会に根を張ったLANやインターネットに発展してきたのは，1990年代以降のことです．

初期のコンピュータは大型で非常に高価であったため，無駄なく効率よく利用するという観点から，二つの利用形態がとられていました．

一つは，**バッチ処理/リモートバッチ処理**です．バッチ処理とは，データをまとめて一括して処理する方式です．企業などでは「計算機センター」というところで行われていました．ここに，データを人手で運ぶ代わりに通信回線を使うのがリモートバッチ処理で，コンピュータを通信回線に接続するシステムの先駆けです．

もう一つが，**オンラインリアルタイム処理**です．バッチ処理のようなデータを一括で処理する方式とは異なり，コンピュータと人間が通信回線を介して会話形式でやり取りしながら進める対話型処理です．入力した情報に対して，すぐにその場でコンピュータが応答するので，列車の予約システムや銀行のATMシステムなど，現在でもこの方式は広く使われています．特に，1960年代に登場した**タイムシェアリングシステム**（time sharing system，**TSS**）は，複数の端末から送られてきた要求をごく短い時間で切り替えながら処理するので，複数のユーザが同時に一つのコンピュータを利用できるようになりました．

一方，大型コンピュータからワークステーションへ，さらにはPCへと移行して小型で安価なコンピュータが普及すると，これまでの一つの大型コンピュータですべてを処理する集中処理システムから，複数のコンピュータに機

能を割り振り，必要に応じてそれらを使い分ける**分散処理システム**へと移行していきました。コンピュータネットワークの台頭です。

分散処理の考え方を応用したシステムが**クライアント/サーバシステム**です。この方式では，コンピュータの役割をサーバとクライアントに分けて処理を行います。サーバは「サービス提供者」で，要求に応じてサービスを提供するコンピュータ，クライアントは「顧客」でサーバに対してさまざまな要求を送るコンピュータです。

例えば，金融業界ではこのクライアント/サーバシステムが導入されており，融資などに関わるオンライン処理，統計データなどを扱う非定型検索処理，決裁文書作成などを支援するデータエントリー処理，といった業務を各サーバが担い，これにクライアント側のPCがアクセスして多岐にわたる複雑な業務を簡便に，効率よく処理しています。

現在インターネットで提供されているサービスの中にも，このクライアント/サーバシステムがたくさんありあす。例えば，サーバとしては，メールサーバやWWWサーバ（Webサーバ）などがあります。メールサーバは，クライアントからのメールを転送したり，メールを受信するなどのサービスを提供します。またWebサーバは，ホームページなどのデータの蓄積/提供を行います。クライアント側のPCやスマホ（スマートフォンの略）からこれらのサーバに要求を送ると，サーバはそれに応じて必要な処理を行い，その結果をPCやスマホに返します。

集中処理から分散処理にシステムが移行することで，コンピュータネットワークは，企業などの組織の中で使われるシステムだけではなく，1990年代後半ごろからは，一般の人も日常的に活用するインターネットへと急速に発展してきました。

7.2 コンピュータネットワーク

7.2.1　LAN

LAN（local area network）は企業や大学などの同一建物内や同一敷地内において，コンピュータや周辺機器を高速な回線で接続し，自由に相互のデータ通信を行うことのできる環境を提供します。

通常の電話に代表される回線接続が1対1の接続であるのに対し，LANはn対nの接続であることが特徴です。LAN上ではすべてのメッセージをパケット（7.2.3項で詳述）と呼ばれる小さなデータの塊にして，このLANに接続されたすべてのコンピュータに送信します（これを"ブロードキャスト"といいます）。パケットの先頭にあるヘッダ情報には，送信元と宛先のID情報が埋め込まれていて，各コンピュータでは，受信したパケットのヘッダ情報にあるこの宛先IDが自分のIDと一致した場合にのみ，このパケットを取り込むようになっています。このIDのことを**MAC**（media access control）**アドレス**と呼びます。このMACアドレスは，メーカー番号と機器の固有番号から構成された唯一無二の番号で，コンピュータに装備されたネットワークインタフェースカードなどの通信機器に，それぞれ付与されています。

LANの伝送路となるケーブルには同軸ケーブル，光ファイバなどが用いられ，ネットワークの接続形態（これを**ネットワークトポロジー**と呼びます）には，**バス型**，**リング型**，**スター型**などがあります（**表7.1**）。

またLANの通信制御方式には，**イーサネット**（ethernet），リング型LANの規格であるFDDI（fiber-distributed data interface），トークンリング（token ring）などがありますが，その中で最も普及しているのはイーサネットです。

イーサネットは，アクセス制御に**CSMA/CD**（carrier sense multiple access/collision detection）**方式**を採用しています。具体的には以下のとおりです。

1. イーサフレームを送信したい端末は，まず回線上で自分以外にパケット

表7.1 ネットワークの接続形態と特性

	バス型	リング型	スター型
構成	NWを構成する各装置を，バスと呼ばれる伝送路で接続	NWを構成する各装置を，順次伝送路で環状に接続	NWを構成する各装置を，中央の制御装置(ハブ)で接続
長所	各装置の独立性が高く，レイアウトの変更が容易。アーキテクチャが単純で信頼性が高い	各ノードはデータを取り込み再送するため，信号の増幅や削除が容易。特別な制御装置が不要	NW制御装置としてハブを共有しているため，レイアウトの変更，トラブル時の診断が容易
短所	バス上でトラフィックの輻輳が起こりやすく，その場合，パフォーマンスが低下する	いずれかのノードが故障するとNWが機能しない。レイアウトの変更が面倒	ハブが故障するとNWとして機能しない

* NWはネットワークのこと。

を送っている搬送波（carrier）があるか否かを感知（sense）します。これによってパケットの衝突を回避します。

2. 搬送波がなければ，端末はパケットを送信します。各端末が同様の方法でパケットを送信し，マルチプルアクセス（multiple access）が可能となります。

3. もし，パケットの衝突（collision）が検出（detection）された場合には，乱数によって決定される一定の時間を待ってからアクセスをやり直します。

イーサネットでは，1本の回線を複数の機器で共有するバス型と，中央の制御装置（ハブ）を介して各機器を接続するスター型の2種類が使われています。また，最大伝送距離や通信速度によっていくつかの種類に分かれますが，近年では高速タイプ（通信速度100 Mbps[†]，最大伝送距離100 mの100 Base-TXなど）の普及が進んでいます。

[†] bps = bit/s（4.5節の脚注参照）で，これに単位の接頭語 k（= 10^3，キロ），M（= 10^6，メガ），G（= 10^9，ギガ），T（= 10^{12}，テラ）を付けて，通信速度を表記します。

7.2.2 無　線　LAN

無線 LAN とは，電波でデータの送受信を行う LAN です。**Wi-Fi**（wireless fidelity，**ワイファイ**）とも呼ばれます[†]。1999 年に通信規格が策定され，それが世界的に普及する端緒となりました。

無線 LAN を利用することにより，ケーブルを気にすることなく，どこでも好きな場所でインターネットに接続し，簡便に Web サイトの閲覧やメールを利用することができます。また，近年では公衆無線 LAN の整備が進み，駅，空港などの公共の場でも，無線 LAN が利用できるようなりました。

無線 LAN を利用するためには，親機（アクセスポイント）と，PC などの端末に装備する子機（アダプタ）が必要ですが，最近はほとんどの PC やスマートフォンに子機の機能が内蔵されているため，親機がある所であればどこででも無線 LAN を利用することができます（**図 7.3**）。

こうした無線 LAN を一般家庭に普及させた大きな要因は，スマートフォン

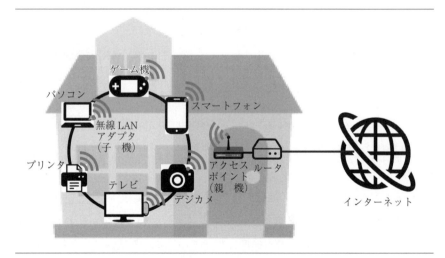

図 7.3　無　線　LAN

[†] 無線 LAN 機器を製造するメーカーの業界団体が，無線 LAN の通信規格「IEEE 802.11」を採用した「Wi-Fi」という共通規格をつくり世界に広めたことから，Wi-Fi が無線 LAN の世界的標準となりました。

です。一般的なスマートフォンは，携帯電話網の他に，無線LAN（Wi-Fi）にも対応しています。「家庭内でスマートフォンを使うなら，速度が早くて通信料のかからないWi-Fiのほうが経済的で便利」なことに加え，無線ルータも低価格化・高機能化が進んだため，家庭内でのLANは無線LANが主流になっています。

しかし，無線であるがための問題点もあります。例えば，障害物がある場合は電波の到着時間の差によって発生するフェージングの可能性や，電子レンジや他のワイヤレス機器との干渉，心臓ペースメーカーへの電波障害などの可能性もあります。

7.2.3 パケット通信

コンピュータネットワークで情報を送る際に使われているのが，**パケット通信**方式です。近年では，電話でもこの方式の採用が進んでいます。

パケット通信とは，一定のパケット単位に情報をまとめて送る通信方式のことで，LANで最も多く採用されているイーサネット（7.2.1項 参照）の場合，パケットの大きさは46～1500バイトと決められています。「パケット」はもともと「小包」の意味があり，分割されたそれぞれのパケットには，その先頭にヘッダ情報と呼ばれる宛先情報（ID）や，転送先で復元される際に自分がどの順番のパケットなのかを示す位置情報などのデータ属性情報が含まれています。受信された複数のパケットは，ヘッダ情報を基に再び1個の元のデータとして復元されます。

パケット通信では，1本の回線に複数のパケットを隙間なく埋め込んで送信できるので，回線の利用効率が向上します。その一方で，データの到着までの時間を厳密に保証することはできないことから，音声通話などに利用した場合，声が遅れて聞こえたり，途切れたりする可能性があります。なおパケット通信はその性質上，通信の利用料を「通話時間・利用時間」ではなく，パケット数（＝データ量）で課金するのが一般的です。

7.3 インターネット

さまざまなコンピュータネットワークの中で，世界で最も広く利用されているのがインターネットです（**図7.4**）。本節では，インターネットの基本概念や仕組みについて解説します。

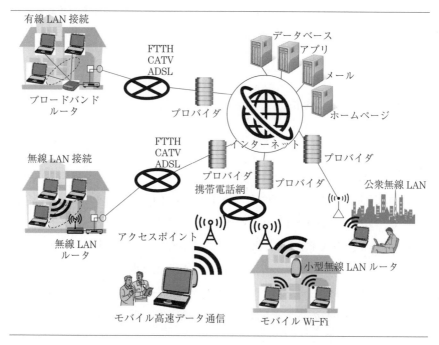

図7.4 インターネットサービスのさまざまな形態

7.3.1 インターネットの誕生

1957年10月，ロシア[†]が世界で初めての人工衛星"スプートニック"の打上げに成功しました。当時，米国とロシアは冷戦状態にあったことから，宇宙から攻撃されても通信が機能する強靭な通信設備である「サバイバルネット

[†] 当時はロシアではなく，ソ連（ソビエト社会主義共和国連邦）でした。

ワーク」を構築することが，当時の米国の重要課題でした．そこで，それを検討するプロジェクトが立ち上げられ，1964年8月，ポール・バラン（Paul Baran）によって「分散型通信システムについて」という提案書がまとめられました．提案内容の要点はつぎの二つです．

(1) 全体を管理する中央装置（交換装置）をなくし，すべての機器は対等の機能をもち，複数の経路でつながれていること（分散型ネットワーク）．

(2) 情報を小さな要素（パケット）に分けて送り，受信側で再構成すること（パケット通信方式）．

1965年にマサチューセッツ工科大学とカリフォルニア大学のコンピュータが電話回線でつながれ，コンピュータ同士の通信が可能であることが実証されました．さらに1969年には，カリフォルニア大学ロスアンゼルス校のコンピュータとSRI（Stanford Research Institute）のコンピュータとの間で最初のデータ通信が行われました．これがインターネットの元となったARPAnetの始まりです．そして1982年に，国防総省がすべての軍用コンピュータネットワークのために，インターネットのプロトコルとしてTCP/IP（7.3.2項に詳述）を標準に制定しました．

日本での最初のインターネットは，大学間の研究用に開設されたJUNET（1984年）で，その後，1992年にインターネットへの接続サービスを事業とする会社（プロバイダ）が設立されました．

7.3.2 通信プロトコル

〔1〕 **OSI基本参照モデル**　コンピュータなどのいろいろな端末機器をネットワークに接続して相互に通信するためには，通信の手順について詳細な取決めが必要となります．

通信における取決めのことを**"通信プロトコル"**といいます．この通信プロトコルは多岐にわたるため，多くの場合**OSI**（open systems interconnection）**基本参照モデル**（basic reference model）を用います．OSI基本参照モデルは，

表7.2に示すように，情報を伝達する過程の役割を七つの階層で表しています．このモデルについて本書では詳述しませんが，インターネットのプロトコルは，7.3.4項〔1〕で説明するように4階層の各プロトコルから成り立っています．

表7.2 OSI 基本参照モデル

レイヤ7：アプリケーション層	蓄積機能，変換機能など，応用サービスに関わる規約
レイヤ6：プレゼンテーション層	情報の表現方式の規約。日本語・数字などの表現コード体系，音声・画像などの符号化機能など
レイヤ5：セッション層	送受プロセスで情報をやり取りするための制御機能の規約
レイヤ4：トランスポート層	エンド-エンド間のデータ転送方式の規約。チャネルの分割使用，エンド-エンド間の送達確認など
レイヤ3：ネットワーク層	エンド-ノード間の通信経路の選択，交換方式の規約
レイヤ2：データリンク層	ノード間の伝送誤り制御方式の規約。誤り検出，再送制御など
レイヤ1：物理層	電気物理条件の規約。電圧レベル，コネクタのピン数や形状など

〔2〕 **LAN の相互接続** 一般に，ネットワークにおける利便性は，ネットワークの利用者が増えるほど向上するので，LAN を相互に接続することはきわめて重要です．そこで LAN-A と LAN-B を相互に接続する場合を考えてみると，通信プロトコルの決め方には二つの方法があります．

一つは，双方が LAN-A と LAN-B の通信プロトコルを二重にもつことです．しかし，相互接続する LAN が増える度に通信プロトコルを加えることが必要となり，多重に通信プロトコルをもつ方法は得策ではありません．

他の方法は，共通する通信プロトコル"X"を定め，すべての LAN がこの通信プロトコル"X"と通信できるようにすることです．この場合は，新たな LAN が加わっても，既存の他の LAN に影響することはありません．共通の通信プロトコルを介して LAN を相互に接続し，結果として全世界の多くの LAN とつながっているネットワークがイニシャル大文字の"Internet"です．LANと LAN を接続するための通信プロトコルが**インターネットプロトコル**です．

〔3〕 **TCP/IP**　　インターネットで使われる通信プロトコルが **TCP/IP**（transmission control protocol/internet protocol）です。OSI 基本参照モデルは 7 階層で構成されていますが，実際のインターネットではこれを 4 階層に縮退した TCP/IP プロトコルが用いられています。これは，OSI 基本参照モデルが国際標準化される前に，TCP/IP プロトコルが実装レベルで動いていたため，結果的に TCP/IP プロトコルを採用した LAN が多数派となり，TCP/IP はそのままデファクト標準となったというのが理由です。

7.3.3　IP アドレスと DNS

〔1〕 **TCP/IP と IP アドレス**　　TCP/IP を用いた通信方式で最も重要な点は，「**IP アドレス**」という概念にあります。

　IP アドレスは，ネットワークにつながっているすべてのコンピュータを，一意に識別する（7.3.4 項〔2〕参照）ための番号で，ICANN（Internet Corporation for Assigned Names and Numbers）とその下部組織に当たる NIC（Network Information Center）という組織で一元的に管理されています。

　IP アドレスの数は，32 ビットで管理している IPv4 のバージョンで 42 億 9 496 万 7 296 ありますが，インターネットの急速な普及に伴い，その数は不足しています。そこで，2012 年に 128 ビットで管理する IPv6 が提案されており，導入が進められています。

〔2〕 **IP アドレスをわかりやすく整理する DNS**　　IP アドレスは，7.3.4 項で解説するように 2 進数の数字の羅列で，コンピュータの処理には向いていますが，人間にとっては扱いにくいものです。そこで，ホームページや電子メールを利用するとき，記述内容が人間にとってわかりやすくなるよう，**名前形式**が使われています。

　この名前形式を使用すると，例えばホームページのアドレスでは「http://www.shibaura-it.ac.jp」のようになります。ac は大学を，jp は日本を表すドメイン名です。他にも，co（会社），go（政府組織）などがあります。

　ネットワーク上には，名前形式を元の 2 進数の IP アドレスに変換する機能

をもつサーバがあり，この自動変換によって電子メールの送り先やホームページの接続先を見つけることができるのです．このようなIPアドレスとドメイン名の変換処理を**名前解決**といいます．

この名前解決を行うサーバが **DNS**（domain name system）で，膨大な数のIPアドレスを構造化することによって，ネットワークに接続されているコンピュータ群の中から，効率的に特定のコンピュータを見つけ出します．全世界のDNSシステムのトップに位置するサーバを**ルートサーバ**と呼び，世界で13あります．

〔3〕**ドメイン名** DNSで与えられた名前形式のIPアドレスを，**ドメイン名**と呼びます．ドメイン名では，上の例のように「．（ドット）」を区切り記号として用います．

7.3.4 インターネットの基本的な仕組み

〔1〕**インターネットのプロトコル階層** 5章で述べたように，プログラミング言語は「形式言語理論」で厳密に規定されています．コンピュータを走らせるためには，プログラムを誤りなく一意に解釈できるように書くことが必須の要件だからです．

同様に，コンピュータ同士をつなぎ相互に通信するためには，厳密な規約（プロトコル）が必要となります．インターネットの通信プロトコルはTCP/IPですが，通信ネットワークは複雑なシステムであることから，必要な機能を階層化し各層ごとにプロトコルを定めています．これが「**プロトコル階層**」です．インターネットでは，その中でもTCPとIPがその中心的な役割を担っていることが，インターネットの通信プロトコルをTCP/IPと呼ぶ由縁です．

インターネットのプロトコルは4階層あります．**表7.3**にOSI基本参照モデルの7階層と比較して示しました．各層には種々のプロトコルが並んでいますが，アプリケーションの特性に合わせてプロトコルを使い分けます．

（a）**ネットワークインタフェース層（レイヤ1）** 通信のためのネットワークハードウェアと，そのハードウェアの利用規約を定めるのが**ネットワー**

表 7.3　OSI 基本参照モデルと TCP/IP

OSI 基本参照モデル	TCP/IP の階層	プロトコル				
レイヤ 7：アプリケーション層	レイヤ 4：アプリケーション層	HTTP	SMTP	FTP	⋯	⋯
レイヤ 6：プレゼンテーション層						
レイヤ 5：セッション層						
レイヤ 4：トランスポート層	レイヤ 3：トランスポート層	TCP			UDP	
レイヤ 3：ネットワーク層	レイヤ 2：インターネット層	IP				
レイヤ 2：データリンク	レイヤ 1：ネットワークインタフェース層	Ethernet			PPP	⋯
レイヤ 1：物理層						

*　HTTP：Hyper Text Transfer Protocol　　SMTP：Simple Mail Transfer Protocol
　　TCP：Transmission Control Protocol　　UDP：User Data Protocol
　　IP：Internet Protocol　　PPP：Point-to-Point Protocol

クインタフェース層（**レイヤ 1**）で，同一の LAN の中でつながっているコンピュータ同士の通信を保証します．社内ネットワークなどで使われるイーサネット，近年多くの場面で使われるようになった無線 LAN，2 地点間を接続してデータ通信する場合に利用される **PPP**（point-to-point protocol）などの規約がこの層のプロトコルです．

（**b**）**インターネット層（レイヤ 2）**　　仕様の異なるネットワークを経由してデータを相手まで届ける役割を担うのが**インターネット層（レイヤ 2）**です．この層の IP には，二つの機能があります．一つ目は，ネットワークに接続している多数のコンピュータの中から，通信する相手のコンピュータの宛先を指定するアドレスの管理，二つ目は，通信する相手のコンピュータに到達するまでの経路を決定する経路制御です．

（**c**）**トランスポート層（レイヤ 3）**　　伝送されるデータの品質を管理するのが**トランスポート層（レイヤ 3）**です．エラーの検出と回復，輻輳制御などによって，データが確実に届くことを保証する信頼性のある双方向の通信を

実現することが必要な場合には **TCP** プロトコルが使われます。一方，リアルタイムに音声や映像を送る場合などでは，一部のデータが欠落しても大きな影響が出ることはありません。そこでこのような場合には，単にデータを伝送するだけの **UDP**（user datagram protocol）が使われます。

（e）**アプリケーション層（レイヤ4）**　個々のアプリケーションプログラムの間で，どのような形式や手順でデータをやり取りするかを定めたのが**アプリケーション層（レイヤ4）**です。Web サーバと Web ブラウザが利用する **HTTP**（hypertext transfer protocol），電子メールの送受信を行うための **SMTP**（simple mail transfer protocol），ファイルの転送のための **FTP**（file transfer protocol）などのプロトコルがあります。

レイヤ1～3 はサービスを乗せた情報を転送するための準備に必要な規約，最後のレイヤ4は，メールや Web 情報などサービスを実現するため規約です。

〔2〕 **インターネットの動作原理 ― 一意に相手を特定する IP アドレスの仕組み―**　インターネットは，図7.4 に示されるように，さまざまなコンピュータや通信機器が接続した LAN を，ルータやアクセスポイントなどを介して他の LAN と相互に接続した世界規模の巨大ネットワークです。このネットワークに接続されたコンピュータを，一意に識別するための ID が「IP アドレス」ですが，実際にどのようにして識別するのか，その仕組みを以下に解説します。

任意のコンピュータ同士が相互に通信するためには，まずそのコンピュータが接続されている LAN（サブネットワーク）を探し，さらにその LAN の中から該当するコンピュータ（ホスト）を特定することが必要となります。

IP アドレスを管理している IPv4 では，IP アドレスが 32 ビットで構成されています。この 32 ビットの列をそのまま 2 進数で表記するとわかりにくいので，8 ビットごとに「．（ドット）」で区切り 10 進数で表記します（**図7.5**）。

この IP アドレスは，サブネット（LAN）を指すネットワーク部（サブネットアドレス）と，サブネット（LAN）内の一つ一つの通信機器を指定するホス

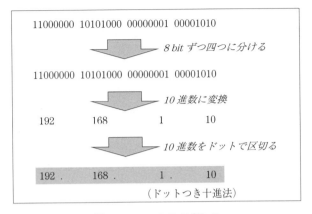

図 7.5　IPv4 の IP アドレス

ト部（ホストアドレス）で構成されています．しかし，このままでは 32 ビットのどこまでがネットワーク部でどこからがホスト部なのか判別することができません．そこで，両者を分離するためにサブネットマスクを利用します．サブネットマスクは 32 ビットの 2 進数で，前半のネットワーク部のすべてのビットを "1" で，ホスト部のすべてのビットを "0" で表します．このサブネットマスクと IP アドレスとの積 (AND) をとると，サブネットアドレスが分離される仕組みです．図 7.6 にサブネットアドレスの求め方，図 7.7 にサブネットマスクを使ってサブネットワークを探す方法の例を示します（2 進数については 4 章 参照）．

このようにして，IP アドレスから当該の LAN（サブネットワーク），そしてそこに接続しているコンピュータ（ホスト）を特定することができます．実際には，ホストアドレスは動的に割り振られることもあり，7.2.1 項で述べたように，一つの LAN の中で一意に決められる MAC アドレスとの対応表を用いて特定しています．

〔3〕　**WWW**　　インターネットには，電子メールや IP 電話，クレジット決済機能など，種々の情報伝達機能があります．世界規模で個人間の情報交換を可能にする **WWW**（world wide web，以下 **Web**）はその機能の一つで，インターネットの普及拡大に大きな役割を果たしています．Web を理解

```
・ホストのIPアドレス        172. 16. 128. 254
・サブネットマスク          255. 255. 255.   0
このとき，ホストの属するサブネットアドレスを求めなさい。
```

```
    10101100 00010000 10000000 11111110   (172. 16. 128. 254)
×   11111111 11111111 11111111 00000000   (255. 255. 255.   0)
    ─────────────────────────────────────
    10101100 00010000 10000000 00000000   (172. 16. 128.   0)

→   サブネットアドレスは                   172. 16. 128.   0
    ホストアドレスは                         0.  0.  0. 254
    となる。
```

図7.6 サブネットアドレスの求め方

```
自分のPCが
・IPアドレス          172. 16. 128.  10
・サブネットマスク    255. 255. 255. 248
このとき，自分の属するサブネットアドレスを求めなさい。
```

```
    10101100 00010000 10000000 00001010   (172. 16. 128.  10)
×   11111111 11111111 11111111 11111000   (255. 255. 255. 248)
    ─────────────────────────────────────
    10101100 00010000 10000000 00001000   (172. 16. 128.   8)

→   サブネットアドレスは，172. 16. 128.  8
```

ここで，172. 16. 128. 12 の宛先にパケットを送る。

宛先アドレスに自分の属するサブネットマスクを上記と同様にして掛けると
→ サブネットアドレスは，172. 16. 128. 8で，一致。
→ 自分の属するLANに接続されている 0. 0. 0. 12 のコンピュータにパケットを送信。
  もし，サブネットアドレスが不一致のときは，ルータを介して，他のLANにパケットが送信される。

図7.7 どうやって通信するか

する上で重要な事項を解説します。

（**a**）**ハイパーテキスト**　　1991年，ティム・バーナーズ＝リー（Tim Berners-Lee）によって考案・開発されたWebは，**ハイパーテキスト**で文書が構成されています。ハイパーテキストは，文書中に別の文書の宛先である**URL**（uniform resource locator,（d）に後述）を埋め込むこと（これを**ハイ**

パーリンクと呼ぶ）によって，インターネット上に散在する文書同士を相互に参照することが可能なシステムです．閲覧者は，表示している文書中の URL が付された箇所をクリックすると，リンク先の文書を表示させることができます．このハイパーテキストを記述するために使われる言語が **HTML**（hypertext markup language）で，相互に参照することのできる情報は，文字情報だけでなく，画像，映像などのさまざまメディアが対象です．

（**b**）**Web ブラウザ**　HTML という「コンピュータ向けの言葉」で書かれたハイパーテキスト文書を，「人間向けの言葉」に変えて表示してくれる閲覧ソフトが **Web ブラウザ**です．1993 年，マーク・アンドリーセン（Marc Andreessen）の開発した，画像も扱える Web ブラウザ "Mosaic" によって，Web は誰でもがマルチメディア情報を手軽に扱うことのできる世界的な情報源となりました．現在の主な Web ブラウザには，Internet Explorer, Google Chrome, Mozilla Firefox, Safari, Opera などがあります．

（**c**）**HTTP**　サーバ側の Web 文書を蓄積している Web サイトと，クライアント側にある Web ブラウザとの間で，HTML で記述されたコンテンツの送受信に用いられる通信プロトコルが HTTP です（7.3.4 項〔1〕参照）．

（**d**）**URL**　Web 文書は，インターネット上に散在する文書同士を相互に参照するハイパーテキストで構成されています．その参照先を指定するのが URL です（前述の（a）および 7.3.3 項〔2〕を参照）．芝浦工業大学のホームページの URL は，「http://www.shibaura-it.ac.jp/」です．

図 **7.8** に示す URL の各要素について解説します．

① Web サーバと Web ブラウザ間でデータを送受信するときの通信プロトコルを示しています．"http" ではなく "https" というのもあります．この https は「Hyper Text Transfer Protocol over（Secure Socket Layer // Transport Layer Security）」のことで，http にデータを暗号化する機能が付いたものです．

② スキームとは「枠組み」「構造」のことで，ここでは，「この URL は "http" を使って通信する」ことを表しています．

142   7. コンピュータネットワーク

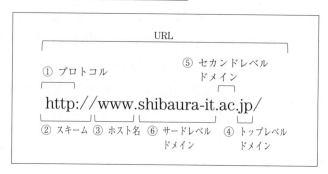

図 7.8　URL に含まれる要素

③　ネットワークに接続されたホスト（機器やサーバ）の名前を指します。ホスト名には代表的な「www」が多く用いられますが，自由に設定することも，必要がなければ省略することもできます。

④〜⑥　これらのドメインは 7.3.3 項で述べたように，IP アドレスをわかりやすくするために設定した文字列で，同じドメインは一つしか存在しません。ドメインには，さらに細かく「④ トップレベルドメイン」「⑤ セカンドレベルドメイン」「⑥ サードレベルドメイン」の三つに分けられます。

④のトップレベルドメインはドメインの中で一番右側にあります。"jp" は国別のコードに割り当てられたトップレベルドメインです。

⑤はセカンドレベルドメインで，ドメインの中で 2 番目に属しているドメインです。この階層はあくまで順番を表しているため，トップレベルドメインの種類によって，どのようなドメインがセカンドレベルドメインになるかは変わります。トップレベルドメインが「jp（日本）」の場合は，「ac（大学）」や「or（非営利法人）」など，組織の種類を表すドメインが入ります。

⑥のサードレベルドメインは，セカンドレベルドメイン以下に属しているドメインです。このサードレベルドメインの文字列は，重複がないかぎり登録者が自由に設定できます。なお，トップレベルドメインが「com」や「net」などの場合は，セカンドレベルドメインに「サードレベルドメイ

ン」が入るため，事実上サードレベルドメインがない URL もあります。

7.4 コンピュータネットワークに関わるいくつかの補足

多岐にわたり社会で広く活用されているコンピュータネットワークについては，解説すべき項目が他にも多くあります。それらについてはネットワークの授業などで学びますが，ここではその中から四つだけ取り上げ，解説します。

〔1〕 **インターネットの回線** 図 7.4 のインターネットのさまざまな形態にあるように，利用者とインターネット接続業者（プロバイダ）をつなぐ回線にはいくつかの種類があります。

通信回線は，通信速度が概ね 100 kbps 程度以下の接続環境を「狭帯域：ナローバンド（narrowband）」，それ以上の高速で容量の大きいデータの通信を可能にする接続環境を「広帯域：ブロードバンド（broadband）」と呼びますが，インターネットを快適に楽しむために，ほとんどの利用者はブロードバンド回線を選択しています。

無線では，高速回線である 3G や LTE が使われています。一方，ブロードバンドの有線回線には，ADSL（asymmetric digital subscriber line）タイプ，CATV タイプ，光タイプの 3 種類があります。

(1) ADSL タイプは，ブロードバンド電話回線のあまり使わない帯域を利用してネット接続に充てているため，使える帯域は大きくありません。

(2) CATV タイプは，ケーブルテレビの回線をインターネットに利用するので，ケーブルテレビを契約していれば追加料金のみで利用することができ，ADSL より安定した高速通信が見込めます。

(3) 光タイプは，光ファイバを家庭にまで引き込んだ光回線（fiber to the home, FTTH）で，1 Gbps 以上の高速の通信速度が特徴です。これは ADSL の 20 倍以上，CATV の 3 倍以上の速さに相当します。

〔2〕 **IP 電話** IP 電話とはインターネット回線を利用する電話サービスです。インターネットのパケット通信プロトコルである IP を利用した音

声通信であることから，この技術を **VoIP**（voice over internet protocol），サービスを **IP 電話**と呼んでいます。

IP 電話は 主にプロバイダが提供しているサービスで，電話番号が 050 から始まります。IP 電話を使うには 専用の IP 電話対応機器「VoIP アダプタ」が必要となります。IP 電話の利点は，既存の固定電話とも併用でき，利用する条件が合えば通話料がきわめて安価なことです。

スマートフォンでも IP 電話は使われています。アプリを利用した Skype や LINE がこれに当たります。登録ユーザ同士での通話は無料ですが 固有の電話番号というのは基本的になく，発着信は原則として登録ユーザのみとなっています。

〔3〕 **コンピュータウィルス ―インターネット時代の脅威―** コンピュータウイルス（以下，ウイルス）とは，電子メールやホームページ閲覧などを利用する際にコンピュータに侵入し，プログラムなどを破壊するソフトウェアです。最近では，**マルウェア**（malicious software,「悪意のあるソフトウェア」の略称）ともいいます。

ウイルスの多くは Web を介して感染します。近年の利用者の急速な増加や回線を常時接続した利用の普及が，ウイルスの感染を拡大させています。

ウイルスの中には，なんらかのメッセージや画像を表示するだけのものもありますが，危険度が高いものの中には，ハードディスクに保管されているファイルを消去したり，コンピュータが起動できないようにしたり，パスワードなどのデータを外部に自動的に送信して盗んだりするタイプのウイルスもあります。

そしてなによりも大きな特徴は，多くのウイルスは増殖するための仕組みをもっていることです。例えば，コンピュータ内のファイルやネットワークに接続している他のコンピュータのファイルに，自動的に感染したりするなどの方法で自己増殖します。最近はコンピュータに登録されている電子メールのアドレス帳や過去の電子メールの送受信の履歴を利用して，自動的にウイルス付きの電子メールを送信するものや，ホームページを見ただけで感染するものも多

く，この増殖の仕組みが世界中にウイルスを蔓延させる大きな原因となっています。

〔4〕 ネットワークセキュリティ ―安全を確保するために注意すること―

ウイルスの94%はWebを介して侵入するといわれています。主要な手口は，正規Webサイトを不正に書き換え，訪れたユーザに気づかれずにウイルスをダウンロードさせる，という攻撃を仕掛けます。具体的には，この改ざんした正規Webサイトを起点にして，普段使うWebブラウザやWebブラウザ上で使用する動画再生ソフトなどの脆弱性を突いて，ウイルスを感染させます。

脆弱性とは，コンピュータのOSやソフトウェアにおいて，プログラムの不具合や設計上のミスが原因となって発生した情報セキュリティ上の欠陥のことを指します。これを**セキュリティホール**とも呼びます。脆弱性が残された状態でコンピュータを利用していると，不正アクセスに利用されたり，ウイルスに感染したりする危険性があります。

この脆弱性の弱点を防ぐには，まず第一に，OSやソフトウェアのメーカーが提供する最新の更新プログラムを，つねに迅速に適用することが重要です。

この他に，費用はかかりますが，外部から受け取ったり送ったりするデータを常時監視するウイルス対策ソフトを導入することも有効です。

さまざまな脅威から自分でコンピュータを守る方法には，他にもいくつかあります。

(1) 不審なメールは開かないこと： メールの中にはウイルスがメールと一緒に送りつけられてくることもあります。不審なファイルがメールに添付された場合は，そのファイルを絶対に開かないこと。また，ウイルスメールは差出人を詐称している場合もあるので，差出人が知人であっても，文面に不審なところはないかなど，注意を怠らないことも必要です。

(2) パスワードを定期的に変更すること： Webやメールを利用する場合，接続パスワードやメールパスワードを使います。その他，ネットショップでの買い物などでもパスワードが必要です。パスワードは本人確認と

いう役割をもっており，キャッシュカードの暗証番号と同じように，他人に知られないようにしっかりと管理することが必要です。管理の基本は，適宜パスワードを変更することや，他人に推測されにくいパスワードを設定することです。

(3) 定期的にデータのバックアップをとること： ウイルス感染やコンピュータが故障した際，最悪の場合はOSを再インストールしなければなりません。その場合は，ハードディスク上のデータをすべて消してシステムを入れ直すので，消えてしまった大切なデータは戻ってきません。必要なデータは，CD-R，DVD-R，別のハードディスクなどの外部記憶媒体に定期的にバックアップをとっておくとよいでしょう。

7章の参考文献：
1) 池田博昌，山田　幹：情報ネットワーク工学，オーム社（2009）
2) 高田伸彦，南　俊博：情報ネットワーク教科書，東京電機大学出版局（2013）
3) 中島　章：図解入門 よくわかる最新ネットワーク技術の基本と仕組み，秀和システム（2016）
4) Hubert L. Dreyfus（石原孝二 訳）：インターネットについて ―哲学的考察―，産業図書（2002）
5) Kevin Kelly，服部　桂：〈インターネット〉の次に来るもの ―未来を決める12の法則―，NHK出版（2016）

8 メディアとヒューマンインタフェース

　コンピュータ技術の高度化や通信ネットワークの発展により，視覚や聴覚を通して入ってくる画像や音声といった種々のメディア情報が，年々増えつづけています。この膨大な情報を，有限なコンピュータ資源を使って私たちの社会で役立てるためには，さまざまな工夫が必要です。また，技術の進歩や社会の動向に呼応して進化しつづけるコンピュータには，それがどのようなものであれ，誰もが容易に使えるようなわかりやすい仕様設計が求められます。

　本書の最終章では，膨大な情報を活用するためのメディア処理と，人間にとって好ましいコンピュータのヒューマンインタフェース設計について，その基本概念や機能を歴史的な発展を踏まえながら概説します。そして最後に，21世紀の半ばには人間の知能を上回るとされる人工知能について，いくつかの課題を提起します。

8章のキーワード：
高能率符号化，JPEG，音声合成，光学的文字読取り装置（OCR），感覚モダリティ，マルチメディアインタフェース，複合現実感，仮想現実感（VR），拡張現実感（AR），ウェアラブルコンピュータ（WC），ヘッドマウントディスプレイ（HMD），人間中心設計，人間工学，ヒューマンインタフェース（HI），ヒューマンコンピュータインタラクション（HCI），人の原理を考える四つの視点，二重インタフェースモデル，秘書型システム，道具型システム，ユニバーサルデザイン（UD），ユニバーサルデザイン7原則，シンギュラリティ，収穫加速の法則

8.1 メディア処理
　　―ディジタルメディアの基本構造とその処理方法―

インターネットの普及や各種のコンピュータシステムの開発に伴い，多種多様な情報が広く活用されています。その活用を支える主要なディジタルメディア処理技術に，情報の圧縮・符号化法，生成・合成法，認識・検索法があります。

本節では，本書が他の専門科目への橋渡しであるという位置づけから，それらの代表的なものとして，画像符号化，音声合成，文字認識を取り上げ，それぞれの基本的な考え方と技法を中心に解説します。

8.1.1　情報の圧縮/符号化

情報の伝送にはネットワークを，また情報の蓄積にはメモリを使います。このネットワークの通信速度もメモリの蓄積容量も有限です。そのため膨大な情報を扱うには，情報を圧縮し，経済化，効率化を図ることがきわめて重要です。2進数の記号列で符号化された情報を，その情報のもつ特性などを利用してさらに小さな情報量に圧縮することを，**高能率符号化**と呼びます（4.6節参照）。本項では，画像の高能率符号化について，基本的な考え方を解説します。

〔1〕　**情報の圧縮/高能率符号化の基本戦略（図8.1）**　一般的に，意味のある情報を構成する要素には特徴があります。特徴とは，別の言葉でいえば"偏りがある"ということです。基本戦略の第一歩は，この偏りを見つけることです。画像処理では，実座標を周波数座標に変換して偏りを見える化します。偏りとは，多い/大きいところと少ない/小さいところがあること指します。多い/大きいところには小さな符号列を，少ない/小さいところには大きな符号列を割り当てれば，全体として符号の長さは小さく（圧縮/高能率符号化）なります。

情報をなにに使うかはきわめて重要です。使う目的によって情報に含まれて

8.1 メディア処理 —ディジタルメディアの基本構造とその処理方法—

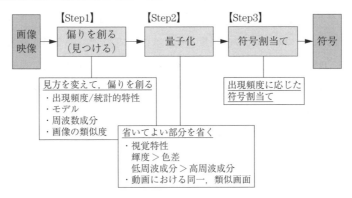

図 8.1 高能率符号化の基本戦略

いる不要な要素を省くことができるからです。画像では人間の視覚特性を考慮し，誤差を切り捨てます。高能率符号化の技法では，誤差を切り捨てることを量子化と呼びます（4.5 節 参照）。

最後に，できるだけ符号長を短くするために，例えば **Huffman 符号化**（図 **8.2**）などを用いて情報をさらに圧縮します。この基本戦略は，音声や音楽情報の圧縮/高能率符号化においても同様です。

〔2〕 **画像の符号化 —JPEG—** 　縦横がそれぞれ 2 967 画素 × 3 968 画素

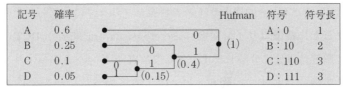

図 8.2 Huffman 符号化

のディジタルカメラで撮るカラー画像は，階調数を8ビット（256階調）にした場合，約35メガバイトの情報量となります。これではあまりに情報量が大きいので，**JPEG**（joint photographic experts group）という方式で画像を1/10程度に圧縮して利用するのが一般的です。JPEGは，カラー静止画符号化国際標準化のための共同作業機関の名称で，一言でいえば，高い空間周波数成分を削減することで，高品位の画質を保持しながらデータを圧縮/高能率符号化する方式です。

JPEGにおける圧縮/高能率符号化の仕組みを，図8.1の戦略に沿って説明します。

Step1 偏りを創る： 各画素のデータを**RGB形式**から**YCbCr形式**へ変換します。

カラー画像のデータは色の3原色であるRGBですが，それを，輝度情報（Y）と色相情報（赤色方向：Cr，青色方向：Cb）に変換します。ここで人間の視覚特性，すなわち人間の目は輝度の変化を敏感に見分けますが，色差は見分けにくいという性質を利用し，色差情報から間引き情報量として1/2程度削減します。

Step2 量子化： 画素値の並びを周波数の並びに変換した上で，周波数領域で効率よくデータを削減します。

写真画像は周波数成分に分解することができます。逆に，各周波数成分にそれぞれの周波数成分の大きさを示す係数を掛け合わせて加算すれば，元の写真画像を（近似的に）復元することができます。そこで，JPEGでは8×8画素のサイズで画像をブロックに分割し，そのブロックごとに**離散コサイン変換**（discrete cosine transform，**DCT**）[†]を使って周波数成分に分解します。各周波数成分は，8×8のマトリックス上に書き出されます。**図8.3**に，DCTの各周波数に相当する基底波形（左上のほうが低周波成分，右下のほうが高周波成分）と1ブロックの画像を基底周波数成分で復元した例を示します。

[†] DCTについては詳述しませんが，一種のフーリエ変換と考えて下さい。

8.1 メディア処理 —ディジタルメディアの基本構造とその処理方法—

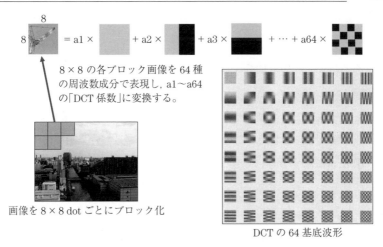

図 8.3 8×8の原画ブロックをDCT変換

図 8.4 に算出された DCT 係数のマトリックスを示します。一般に，左上方向の低周波成分の値は大きく，右下方向の高周波成分の値は小さくなります。一方，人間の視覚に映る画像では，高周波成分は画質にあま

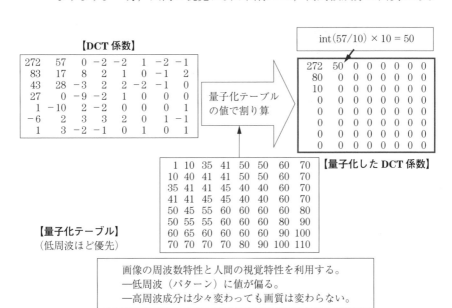

図 8.4 DCT 係数の量子化

り影響を与えないという特性があります。そこで，DCT係数の低周波数成分を優先する量子化テーブルを用いてDCT係数を量子化します。その結果，高周波成分のほとんどは"0"となり，さらに画像情報は圧縮されます。

Step3 符号割当て： 画像情報は，基底波形に対応する量子化したDCT係数に変換されました。この係数をさらに圧縮し符号を割り当てます。

図 **8.5** に示すように，量子化したDCT係数を低周波から順にジグザグに見ると，"0"が連続して並びます。そこで，この連続して現れる"0"を繰り返しの回数で置き換えることによりデータ量を圧縮する，**Run-Length 符号化**を適用します。さらにその符号列を図 8.2 の Huffman 符号化によって圧縮します。

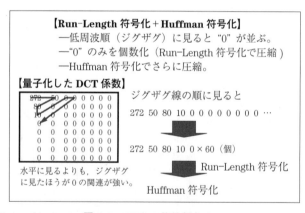

図 **8.5** JPEG の符号割当て

このようにして得られる JPEG の高能率符号化によって，元の画像情報は 1/10 程度に圧縮されます。

8.1.2 情報の生成・合成

コンピュータによる情報生成には，各種のメディアごとに，信号レベルのものから意味レベルのものまでさまざまなものがあります。画像や映像を生成する CG は，映画，CM，ゲームソフトなどの分野では欠かせない技術です。本

項では，カーナビ，鉄道・バスなどの構内・車内案内，歌声合成，スマートフォンの音声対話などに広く使われ，古い歴史をもつ**音声合成**を取り上げ，基本的な考え方を解説します．

〔1〕 **音声合成技術の歴史**　コンピュータを使った音声合成システムの試みは 1950 年代に始まりました．1961 年には，ケリー (J.L. Kelly Jr.) らが，IBM 704 を使って音声合成した「デイジー・ベル」[†]という歌をコンピュータに歌わせています．そして，1968 年に最初のテキスト読上げシステムが開発されました．その後，音声の生成モデルの研究から得た知見を基に，音声パラメータを使って情報量を圧縮する技術が進み，それをベースにした種々の音声合成技術が開発されました．この音声情報の圧縮技術は携帯電話や音楽などへ広く応用されています．そして近年ではコンピュータの性能が向上し，また大容量のメモリも利用可能なことから，テキスト情報から肉声に迫る高品質な合成音声を生成することができる，コーパスベース音声合成が主流になっています．

〔2〕 **コーパスベース音声合成**　「あらかじめ蓄積した大量の音声波形を，音素単位で直接接続することで合成音をつくる」コーパスベース音声合成では，音声コーパスを構築するステップと，音声を合成するステップがあります（**図 8.6**）．

（a） **音声コーパスの構築**　音声コーパスの構築にはまず肉声音声の収録が必要ですが，高品質な音声合成のためには，単語や音節，音素（子音，母音など）などの音声の要素を満遍なく含む音声を収録することが鍵となります．その上で，この大量の音声データに対し，音素・韻律・形態素といったさまざまなレベルで，テキストデータと時間的に対応させながら，各パラメータの抽出と統計データを算出します．つづいて，構築された音声コーパスから，統計的なモデル学習などを使って韻律モデルと音声データベースを作成します．韻律モデルは，合成音のイントネーションや各音の継続時間長，ポーズの

[†] クラーク (A.C. Clarke) の SF 小説を映画化した，「2001 年宇宙の旅」の中で HAL 9000 が歌っています．

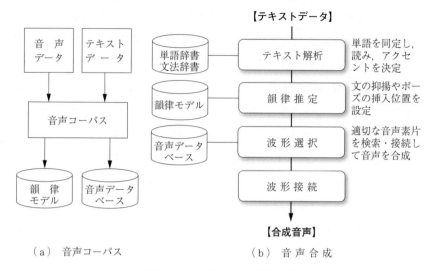

図 8.6　コーパスベース音声合成

長さなど，合成音の口調的部分を決定するためのモデルです．また，音声データベースは，実際に合成時に直接接続する音声データを，ラベルを付けて検索可能な形で蓄えたものです．

（b）音声合成　入力されたテキストを解析して読み方を付与します．ニュースで使われている原稿程度なら読みの精度は 99% に達成しています．しかし，近年情報流通の主流となっている Web 情報には，英語やローマ字表記の店名，ニックネームなど，単語辞書に登録されていない単語（未知語）が多数あります．しかもこのような単語は時代とともに変わっていくため，すべてを単語辞書に登録することは不可能です．そこで，アルファベットの未知語には，自動でその綴りから正しく読みを付与する必要があり，統計的方法により推定しアルファベット未知語に読みを付与する技術が開発されています．つづいて，韻律モデルを用いて発話の抑揚・リズム・テンポなどの韻律情報を推定し，さらに，推定された韻律情報に最もマッチする音素波形の組を音声データベースから選択します．そして最後に，これらを接続して合成音声をつくり上げます．入力文章のイントネーションを表現するのに適切な音声素片が存在しない場合や，音声素片同士の接続が悪い場合などには，信号処理でイント

ネーションを補正し，肉声に迫る高品質の合成音を生成します．

8.1.3 情報の認識・検索

種々の情報を活用するためには，その情報がなんであるかを認識し，必要に応じてその情報を効率的に引き出す（検索する）ことができなければなりません．

音声認識技術を使えば，コンピュータやスマートフォンを自分の声で操作することができます．しかし，どんな声の人でも，どんな環境においても，どんな言葉でも認識させるようにするのは，きわめて難しい技術課題です．そこで，実際には認識対象を限定するなど，条件を絞って実用に適う性能を確保しています．例えば，銀行の残高照会や入金の連絡などを電話で利用できるシステムが1981年に商用化され，多くの金融機関で活用されていますが，これには数字のみを対象にした音声認識技術が使われています．

画像認識の代表は文字認識です．当初は赤枠内の郵便番号のみが認識対象でしたが，現在では任意の場所に書かれた郵便番号，住所，氏名まで認識することができます．文字認識は，物流伝票や車のナンバープレート認識など，実社会で広く活用されています．本項ではこの文字認識について解説します．

〔1〕 **文字認識**　人間が書いた文字や印刷された文字を機械によって識別し，これをコード情報に変換してコンピュータなどの入力情報を高速につくり出そうという着想の原形は，1930年代の特許に見ることができます．実用的な文字認識装置の開発は，コンピュータが出現した1950年代に始まりました．日本では，郵便番号の導入（1968年）に合わせて実用化された，郵便番号を読み取る**光学的文字読取り装置**（optical character reader，**OCR**）がその代表例です．

〔2〕 **文字認識の手順**　図8.7は一般的な文字認識処理の手順です．この手順に沿って文字認識の技法を解説します．

　<u>Step1 正規化</u>：　入力される文字パターンはさまざまな大きさがあるので，まず，一定の大きさに整形します．

156   8. メディアとヒューマンインタフェース

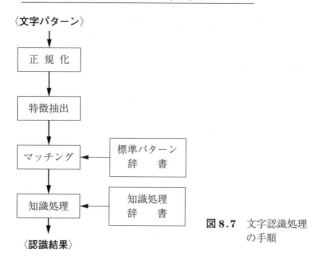

図 8.7 文字認識処理の手順

Step2 特徴抽出： 文字パターンのどのような特徴を抽出するかは文字認識技術の中核です。コンピュータを使った文字認識は，前述したように 1950 年代から始まり，これまでに多くの手法が提案されています。初期の文字認識は字形をそのまま重ね合わせて比較する単純な手法でしたが，現在は文字の特徴量を比較する手法が一般的です。この特徴量の比較は，対象となる文字の変動に強く，高い認識精度が得られるからです。特徴抽出の例を図 8.8 に示します。

―文字パターンを四つの方向成分に分解します（図（a））。

―認識処理の効率化を図るため，規模を縮小（例えば 7×7 に）して特徴値を取得します（図（b））。

Step3 マッチング： 文字データベースに蓄積された，各文字の特徴値データ（標準パターン）と比較することにより，最も差分の小さな文字を選出します。差分値が近接する，複数の候補が選出されることもあります。

Step4 知識処理： 例えば，「タ（漢字）」と「タ（カタカナ）」や，「カ（漢字）」と「カ（カタカナ）」などは，マッチング処理だけでは区別ができません。日本語の単語情報などの知識データベースと照合し，正解を探索します。文字認識で 100％の正答が得られないのはこのような場合で

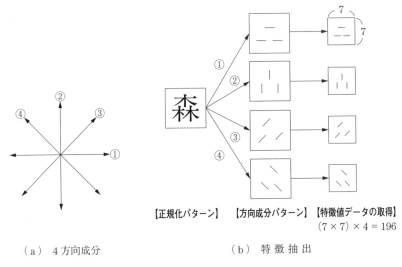

(a) 4方向成分　　　　　　　(b) 特徴抽出

図 8.8　方向成分による特徴抽出

す。それでもさまざまな技術が開発されており，多くの場合，実用的には十分な性能が得られています。

8.2　マルチメディアインタフェース
　　　―もっと便利に，もっと楽しいメディア―

　私たちは，自然界の中で生きていくために，視覚，聴覚，嗅覚，触覚，味覚という，いわゆる五感から取り入れた情報を総動員しながら自分の行動を制御しています。なるべく多くの，質的に異なる刺激信号を環境から取り込み，それらを総合的に判断することによって安全で効率的な行動をとっているのです。もっと細かく見れば，五感だけではなく，例えば，話している相手の声の抑揚から相手の感情の変化を読み取ったり，あるいは，相手の何気ない仕草から発話内容に嘘があることを感じ取ったりします。このように，人間に備わっているさまざまな受容器（例えば，目や耳などの感覚器官）から入ってくる刺激を通じて得られる感覚的経験を，**感覚モダリティ**（sensory modality）と呼

びます．例えば，目から入ってきた刺激による感覚的経験であれば視覚モダリティ，耳からの刺激による感覚的経験であれば聴覚モダリティ，などと呼びます．複数の感覚モダリティが同時に働いている状態が，**マルチモーダル**（multi-modal）な状態です．したがって，例えば，人間同士が対面で会話する場面では**マルチモーダルコミュニケーション**（multimodal communication）が行われています．

モダリティは人間側の話ですが，情報を提示するコンピュータから見れば，人間に対して提示可能なメディア（情報提示媒体）であり，テキスト，画像，音声・音響，振動，熱，化学物質（匂い）などに対応します．例えば，画像と音声・音響，振動を同時並行でユーザに提示すれば，その情報は**マルチメディア**（multimedia）**情報**を提示したといえます．

すなわち，人間とコンピュータとの**インタラクション**（interaction）において，マルチメディア情報を用いて対話がなされた場合，その対話は人間側から見れば**マルチモーダルインタラクション**（multimodal interaction）です．ここで，インタラクションとは人間とコンピュータとの相互作用（人間と機械とのやり取り）を指します．例えば，情報端末（コンピュータ）を用いて遠隔地にいる相手とコミュニケーションを行う場合，ユーザと情報端末との間には必ずインタラクションが発生することになります．

ユーザに対してマルチモーダルインタラクションを提供しようと思えば，そのユーザインタフェースにおいては複数のメディアを利用できることが必要ですが，そのような複数のメディアを利用可能なユーザインタフェースが，**マルチメディアインタフェース**（multimedia interface）です．

コンピュータを用いてさまざまなマルチメディ技術が進歩してきたのは，より豊かで楽しいインタラクション／コミュニケーションを実現するため，といっても過言ではないでしょう．コンピュータ資源の質・量の拡大を背景に，人間とコンピュータのインタフェースは，単一のディスプレイを想定したインタラクション設計という限定的なものから，人間の居住空間全体に対して映像を投影し立体的な音響空間を演出するなど，マルチメディアを用いて住環境全

体を演出する環境デザインにまで，その範囲が拡張されています．ミルグラム (Paul Milgram) はこの人工的環境を**複合現実感** (mixed reality) という概念でくくり (**図 8.9**)，仮想性と現実性のどちらに重点を置くかの違いにより，仮想現実感も拡張仮想感も拡張現実感も，現実環境とを結ぶ一つのスペクトル上にある，と述べています．

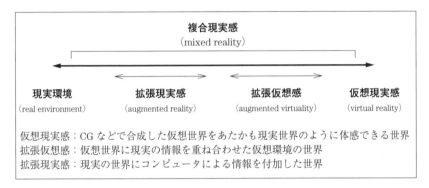

図 8.9 複 合 現 実 感

本節では，その中から仮想現実感と拡張現実感と，またそれとはべつの側面から，人間がいつでもコンピュータを携帯し，あたかも情報環境が拡張されたような効果もたらす，身に付けて持ち歩けるウェアラブルコンピュータ，の三つを取り上げて解説します．

8.2.1 仮想現実感 (VR)

仮想現実感 (virtual reality, **VR**) は，人間にとって自然な 3 次元空間の中を自由に行動でき，人間と環境とがあたかも一体化したかのようなシームレスになった状態が体験できる，コンピュータによって生成された人工環境です．人工現実感 (artificial reality) と呼ばれることもあります．1965 年にサザーランド (Ivan Sutherland) が「究極のディスプレイ ("The Ultimate Display", in Proceedings of IFIPS Congress, 1965)」という講演の中で初めて提唱しました．

VR にはいくつかの方式があります．その中でも代表的な，視覚情報を提示する**ヘッドマウントディスプレイ** (head mounted display, **HMD**) と，人間の

図 8.10 ヘッドマウントディスプレイとデータグローブ

行動データを VR 空間内にインプットするための**データグローブ**（data glove）を使う方式を紹介します（**図 8.10**）。

〔1〕 **HMD** 　左右の目の前に小型のディスプレイを配置し，左右の目から見た視差のある映像を表示します。この視差を利用して遠近感覚を操作し，（実際は目のすぐ前にある小さなディスプレイの映像で）眼前いっぱいに広がる映像空間を作り出します。

VR で用いるディスプレイに表示される映像は 360°の映像を使用しています。映像は CG 技術でつくられているものもあれば，360°カメラで撮影したものもあります。このため，VR 空間では，上下左右どこを見ても実際の世界のように景色が広がります。

VR の世界にすっかり入り込んでいると感じる感覚を「**没入感**」といいます。この没入感を生み出すために欠かせないのが**トラッキング技術**です。トラッキングは，センサを使って現実世界のプレーヤや HMD の位置や動きを感知し，追跡します。この技術を用いて，VR 空間の映像とプレーヤの動きを一致させます。

具体的には，頭の動きを感知するヘッドトラッキングにより，頭の動きの角度に VR 空間内の映像を同期させます。人間の体の動きを感知するモーショントラッキングは，プレーヤが自分の体を現実世界で動かしているかのような感

覚を与えます．HMD の位置を感知するポジショントラッキングにより，体のわずかな動きに合わせて映像を変化させたり，体が傾いたときには視界を傾けたりします．プレーヤの視線を感知するアイトラッキングは，視線の動きだけで視界を変化させます．加えて，仮想空間内の音響を映像と連動させる 3D オーディオによって，没入空間の臨場感をいっそう高めています．

〔2〕 **データグローブ**　手に装着できる手袋型の入力インタフェースで，VR 空間の中で物をつかむ，前進する，曲がるなどの行動情報を，人間の手の単純な動作によって直感的に入力することができます．手の形と回転動作が情報を伝える入力データとなります．

　手の形は，手袋の外面に付けられた光ファイバの屈曲度によって変化する光量で計測します．手の形の計測には，他にも歪（ひずみ）ゲージ方式などがあります．手の絶対位置や姿勢データは，磁気センサや慣性センサを使ったモーショントラッカにより計測します．モーショントラッカによって，ピッチ，ヨー，ロールといった角度情報と x, y, z 軸方向での座標情報が測れるので，データグローブを装着すれば，手で行われるほとんどすべてのジェスチャを含む動作を，行動情報として利用することができます．

〔3〕 **VR の特性**　VR は，さまざまなマルチメディアを統合した人間とコンピュータとのインタフェース空間です．新聞や TV などの従来のメディアでは，ユーザは提示された情報に対して直接的に反応する手段がありません．したがって，パッシブ（受け身）のメディアといえるでしょう．一方，メディアとしてのコンピュータは，ユーザとのやり取りの中で世界が膨らんでいく，一種の増幅器として機能することが大きな特徴です．VR 空間は，そのようなアクティブ（能動的）な空間を提供しています．VR は未（いま）だ開発の途上にありますが，このアクティブな空間のもつ潜在能力こそが，娯楽にとどまらず，医療から宇宙産業に至るまで，幅広い分野で利用が拡大している要因と考えられます．

8.2.2 拡張現実感（AR）

拡張現実感（augmented reality，**AR**）とは，現実に見えて触れられるものの上に電子的な情報を重畳（オーバレイ）して表示することで，現実の情報をさらに"強化，拡張した（augmented）"世界です．VRが視覚を完全にコンピュータの世界で覆ってしまうのに対し，ARは現実の世界とコンピュータの情報が共存しています．

VRを提唱したサザーランドの講演「究極のディスプレイ」（1965年）の中で，後述するシースルー（透過）型ARの原形が提案されています．しかし，ARの具体的なアプリケーションが提案されるようになったのは，それから30年近く経った1990年代に入ってからで，フェイナー（Steven Feiner）による機器のメンテナンスを想定したシステムでした．シースルー型のHMDを使い，プリンタを修理する際に，コンピュータが「ここを引き出せばいいですよ．」と指示するCG情報を，HMD越しに見ることができます．

現実空間に仮想空間を融合させるARでは，付加する画像に幾何学的整合性，時間的整合性，および光学的整合性が求められます．すなわち，現実空間と仮想物体の空間的な位置を適切に合わせること（幾何学的整合性），ユーザ（カメラ）の視点の移動や現実物体の移動などと仮想物体の描画に遅延が生じないこと（時間的整合性），現実空間の光源環境を考慮し，陰影や影の付き方を現実空間と仮想空間で違和感なく提示すること（光学的整合性），です．

また，ARでは現実世界と整合する情報を提示することが重要です．そのためには，使っている人がなにをしようとしているのか，どんな環境にあるのかなど，その状況を把握し，それに連動した情報をコンピュータが提供する必要があります．

ARには，利用する目的や対象によってさまざまな手法があります．利用するデバイスも多様です．ここでは，その代表的なARとして，シースルー型HMDを用いたARとモバイル型ARについて解説します．

〔1〕 **シースルー型HMDを用いたAR**　シースルー型HMDというのは，眼鏡越しにいま自分が立っている周囲の環境を眺め，そこにプリズムやハーフ

ミラーなどの光学系を使って，電子的なディスプレイの映像を重ねる装置です．フェイナーの開発したシステムでは，頭部の位置や方向を超音波センサで計測し，現実の世界と仮想の映像をハーフミラーで合成しています．

　紙の作業手順書を手にもったり，それに目線を移動したりするといったなにかと面倒な手間を省けることから，現実環境におけるメンテナンスなどの作業支援，道案内情報の提供，医療分野における手術支援など，多くの分野での活用が期待されています．

　〔2〕　**モバイル型 AR**　　携帯電話（スマートフォン）をプラットフォームとして利用し，携帯電話のカメラを通して見る映像を，その映像に関する情報を重ね合わせて表示するのが**モバイル型 AR** です．場の情報取得には，例えば，GPS や Wi-Fi センシングによる位置認識や，地球の地磁気を観測して方位を検知する電子コンパスによる方角情報などがあります．AR では精度の高い位置合せが肝要で，そのために，現実の情景から対象物を認識してそれを画像データベースに蓄積された特徴量と照合し，それにより場所やモノを特定する，といった技術と併用するのが一般的です．

　携帯電話のカメラをかざすと，画面上に映し出された情景にタグづけされたディジタル情報（店舗名，アイコン，画像，メールなど）が表示されるシステムや，特定の地点にキャラクタが出現し，携帯電話をかざしてそのキャラクタを探して捕獲するゲームなど，多くのアプリケーションが開発されています．

　〔3〕　**AR 技術の展開**　　人間は「物を見る」，「音を聞く」，「物に触る」など，現実空間とつねにインタラクションしています．そこにコンピュータが介在し，現実世界と人間がインタラクションする能力や知覚能力を強化することが，AR の目指す方向です．現在は視覚の AR が主体ですが，これからは聴覚，触覚など，人間の五感や身体能力，記憶力なども強化の対象になると考えられます．

　また，AR 本来の「拡張（された）現実感」という意味に立ち返れば，ヒトやモノの情報を「送り出す」ことも AR の重要な視点です．例えば，身に付けている RF-ID やセンサが周辺の自動車に情報発信することで，見通しの悪い

場所での事故を未然に防止したり,建物の劣化状況などをセンサで察知し,画像化して対策個所と方法を可視化したりする,などが考えられています。

8.2.3 ウェアラブルコンピュータ（WC）

ウェアラブルコンピュータ（wearable computer, **WC**）とは,身に付けて持ち歩くことができるコンピュータです。1981年の米国のコンピュータ雑誌「Byte」1月号の表紙には,夢のコンピュータとして腕時計型のコンピュータが描かれています。それから30年が経ち,コンピュータの部品の小型化や,Wi-Fi, Bluetoothなどの通信環境が整備され,夢に描いていたWCが実用化されました。

代表的なWCには,腕時計型WC,リストバンド型WC,眼鏡型WCがあります（図**8.11**の,それぞれ図（a）,図（b）,図（c））。WCに共通した利点は,身に付けて持ち歩き,どこででもさっと利用できる手軽さと,手をふさぐことがないので普段の生活に密着した役割を果たせる点です。コンピュータネットワークの発展した世界では,データはクラウド上に保存し,必要なときにとりに行けばよく,WCは,このネットワーク上で提供されるサービスにアクセスするためのインタフェースツールであるともいえます。

腕時計型WC,リストバンド型WCでは,心拍数や歩数の計測,睡眠状況などの健康管理,日常の生活行動を記録するライフログのデータ収集などの分野

（a）腕時計型　　（b）リストバンド型　　（c）眼鏡型

図8.11 ウェアラブルコンピュータの例

が，まず第一の活用の場です．さらに腕時計型 WC は，時計機能に加え，天気やショートメッセージなどインターネットを簡易に活用するデバイスとしても有用です．このような独立したコンピュータとしてだけでなく，携帯電話が通信とコンピューティングの基礎的な機能を提供するシステムの場合は，メール着信があった際に振動でそれを知らせるなど，腕時計型 WC は携帯電話の周辺デバイスとして[†]の使い方もあります．

眼鏡型 WC は片眼の視野に重ねるよう表示するディスプレイが配置され，カメラやヘッドセットの機能も備えています．また，通信機能やコンピューティング機能を担う携帯電話と連動して[†]，交通案内，天気予報，着信通知，テキストメッセージの表示など多彩なサービスを受けることができます．音声認識機能を利用すればテキストメッセージの返信なども可能です．眼鏡型 WC のもう一つの大きな特徴は，前述の AR への展開が可能なことで，さまざまな応用分野の開拓が期待されています．

コンピュータは大型システムから始まり，ワークステーション，デスクトップ PC，ノート PC へと移行し，さらにスマートフォンの登場により「持ち歩く」ものへと進化しています．そして，WC はそれをさらに一歩進め「身に付ける」ものへと進化しました．その意義は，人間がいつでも手元でコンピュータを活用することで情報環境を拡張できる，ということです．携帯電話の普及によってインターネットのモバイル化が実現されましたが，WC が高度に発展すれば，人々が意識せず当たり前のようにネットワークに接続する「インターネットの空気化」へと発展し，新しい情報社会が到来すると予想されています．

[†] WC と携帯電話は Bluetooth で接続．

8.3 人間中心設計
—使いやすいコンピュータシステムを設計する世界標準—

コンピュータは，小さなチップから大型のシステムまでさまざまな形で私たちの社会を支えています．その目的も，システム規模も，使われる環境も異なりますが，それがどのようなものであったとしても，誰もが使いこなせ，安心・安全なシステムでなければなりません．そのために必要となるのが**人間中心設計**（human centered design, **HCD**）で，ユーザの視点から仮説・検証するプロセス/手法は，国際規格（ISO 9241-210）（**図 8.12**）になっています．この基本プロセスの中で最も重要なことは，表面的なユーザの声をシステム設計に反映させることではなく，ユーザ自身も気づいていない真の要求や人間の本質に根差した設計をすることです．

本節では，人間中心設計の基盤となる思想や手法について，歴史的な背景を踏まえながら概説します．

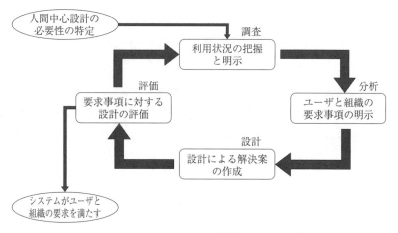

HCD プロセスは，ユーザーの要求が満たされたと評価されるまでこの「調査→分析→設計→評価」のステップを繰り返します．

図 8.12 人間中心設計（HCD）の基本プロセス（国際規格 ISO 9241-210）

8.3.1 人間工学，ヒューマンインタフェース（HI），ヒューマンコンピュータインタラクション（HCI）

〔1〕 **研究分野と学会**　使いやすく，操作がわかりやすい道具やシステムを設計するための研究分野には，**人間工学**（ergonomics），**ヒューマンインタフェース**（human interface, **HI**），**ヒューマンコンピュータインタラクション**（human computer interaction, **HCI**），などがあります。

　人間工学はヨーロッパで生まれた比較的古くからある学問分野で，人が疲労することなく，自然な姿勢や動きで機械や道具を使えるように設計することを目的に，発展しました。一方，HI研究はコンピュータの普及を背景に，人間が情報技術を利用する際に必要となる，人間と機械との間の界面（インタフェース）に関する研究として発展してきました。さらに，人間とコンピュータとの「インタラクション（相互作用）」の視点から，情報技術がどうあるべきかを考えて研究を発展させてきたのがHCIです。それぞれに学術研究を目的とした学会が存在しています。歴史的な背景から研究のスタンスはそれぞれ異なりますが，各学会とも現在の研究内容はほぼ同じと考えてよいでしょう。

〔2〕 **コンピュータシステムの特性と解決すべき課題**　コンピュータにはつぎのような四つの特徴があります。

① 汎用性：いろいろな仕事をすることができます。
② 高速性：処理速度がきわめて速いことから，複数の仕事を並行して実行することができます。
③ 記憶性：特性の異なるメモリを使い分けながら，大量の情報を効率よく記憶します。
④ 正確性：決められた手順（プログラム）を忠実に実行します。

こうした卓越した特性をうまく生かせない場合，システムを使う側の人間とさまざまなミスマッチが生まれます。具体的には

・人間と作業環境とのミスマッチ
　―長時間のディスプレイ作業によるオペレータの疲労など。
・人間とコンピュータとのミスマッチ

―コマンドやメニュー入力方法の不統一による誤操作，ミスが許されない
　　　　緊張を強いる作業など．
　　・人間と業務とのミスマッチ
　　　―意思決定をコンピュータ化することによる人間の意欲の低下など．
であり，もともと業務の迅速化，効率化のために導入したはずのシステムが，ミスマッチによって逆に業務を停滞させたり，オペレータの健康を損なうなどの原因となっています．

　このような現状認識の下，システム設計に関して
　・人間とコンピュータのミスマッチを克服すること
　・人間行動の側面から，業務の効率化・信頼性・快適性を向上させること
　・多様なコミュニケーションを可能にすること
　　―情報の多様な表現を可能にすること
　　―多元で多量な情報を整理・統合すること
　　―意味ある情報を抽出すること
　　―情報の信頼性を保証したり保護すること
を解決すべき目標に掲げ，研究・技術開発が進められています．中でも，行動の側面から"快適性の向上"はきわめて重要で，ユーザの快適性を向上させると，業務の効率化・信頼性の向上が図られることが知られています．

〔3〕**人の原理を考える四つの視点**　　私たちは生物という大きなくくりの中の生き物であり，進化の過程で脳がきわめて高度に発達し「心」をもつ人間となりました．脳の発達は言語を生み出し，集団生活の中から文化が形成され，その社会の中で生活しています．人間を中心とする設計において留意すべき事項として，田村は「**人の原理を考える四つの視点**」を提言しています（「ヒューマンインタフェース」オーム社，1998 年））．
　・生き物の原理：感覚・知覚，健康，環境，年齢など．
　・心　の　原　理：意欲，情緒，学習，知識，経験など．
　・文化の原理：言語，生活，（集団の）習慣，身振りなど．
　・社会の原理：機械化と人間化，大量生産方式など．

8.3 人間中心設計 —使いやすいコンピュータシステムを設計する世界標準—

システムを設計する際やシステムが完成したときに，この四つの視点でもう一度見直すとよいでしょう．

8.3.2 二重インタフェースモデル

私たちはコンピュータを道具として利用しています．道具として利用するとは，道具を操作し，道具の先にある対象（物理世界）を具体的に変化させることです．例えば，自動車の運転では「ハンドル」という道具を使い，ハンドルを回転させることによってその先にある駆動輪の向きを変え，最終的に自動車の進行方向を変えます．逆にいえば，駆動輪の向きを変えるために，道具であるハンドルを操作しています．

佐伯は，道具の向こうに本当の「物理世界」があり，その物理世界こそが，人が効果を及ぼしたいと思っている本来の「対象」である，と考える「**二重インタフェースモデル**」を提案しました（竹内　啓 編：「意味と情報」，機械と人間の情報処理 —認知工学序説，東大出版会，1988年）．このモデルの二つのインタフェースの概念を**図8.13**に示します．

第一接面：人（心的世界）と道具（機械）との間のインタフェース，いわゆる「ユーザインタフェース」．

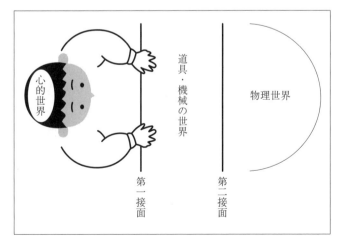

図 8.13　二重インタフェースモデル

第二接面：道具（機械）と物理世界（仕事の対象）との間のインタフェース。

このモデルでは，ユーザにとって重要なことは第一接面にある道具に意思を伝達できることではなく，物理世界にある「仕事の対象」を間違いなく変化させ，その結果を確認できることと説きます。したがって，「使いやすい」道具とは，第一接面に介在する道具の存在が感じられなくなる，すなわち，道具が透明（トランスペアレント）になって，ユーザが物理世界を直接扱っているかのように感じられる，ことが条件となります。

〔1〕「わかる」とは　このモデルから，機器（道具）の操作が「わかる」という言葉には，二つの意味が含まれていることが明らかになりました。

一つ目は，人間から機器の第一接面にどのように働きかければよいのか，第一接面におけるユーザインタフェースとしての表現（設計）をどのように理解するかということです。つまり，第一接面における機器と人との対話についての「わかりやすさ」です。単機能の機器であれば，ここでの操作の学習が進むにつれてユーザインタフェースは透明に近づいていきます。一方，例えばコンピュータのような汎用性の高い多機能機器の場合，個々の「わかる」ではそれぞれの機能に対応する条件（利用目的および操作）が限定され，かつその条件が複数存在します。例えば，利用可能な機能が100個あるとすれば，それぞれの機能ごとに目的も100種類存在し，その操作方法も100種類存在します。このため，機能とそれに対応する操作に関する勘違い（エラー）が発生しやすくなります。できると思った機能がなかったり，操作方法が違ったりするエラーです。

二つ目は，二つの接面を経た物理世界（解決すべき課題世界）の様子，および，そこへの働きかけ自体が直接的に表現・理解できるかという「わかる」です。目的としている物理世界での変化を直ちに把握できるという意味での「わかりやすさ」です。

例えば，ワープロで文書を作成する場面のような，コンピュータを端末装置として利用するインタラクションでは，第二接面の向こうにある物理世界がコ

ンピュータの中（メモリに格納されたデータ）に存在するという特殊なケース（物理世界が直接見えない）が存在します。自動車のハンドル操作であれば，ユーザが第一接面に加えた操作が第二接面を介して自動車の向きを変える様子を直接観察できます。しかし，文書作成では第二接面の向こうにある物理世界はコンピュータのメモリやハードディスクのような記憶装置に保存されたパターンであるため，ユーザが直接観察することができません。このようなケースでユーザが第二接面の向こうの物理世界の変化を捉えるためには，物理世界での変化をコンピュータ自身に記号化（例えば文字による表示など）させ，ユーザがその記号を読み取って意味を解釈する必要があります。この記号化は，システムの設計者が恣意的に行うものであり，実際の物理世界のような必然性がありません。したがって，コンピュータという特殊な機器の場合，この恣意的な記号を解釈する過程でさまざまな「わからない」（すなわち，設計者が思うとおりにユーザが解釈しない）という事態が発生します。

〔2〕 **使えるインターフェース**　「使えるインタフェース」にも二つのシステムが考えられます。

一つ目は，第一接面（人の側）に注目し，その接面より後ろすべてを外的世界として扱う場合で，それは「**秘書型システム**」となります。ユーザはシステムとのみ向かい合っていて，対象とする物理世界には直接関与しません。そのため，システムの存在はユーザの意識において明示的で，物理世界に対する操作にはユーザ自身が関与していないように意識されます。操作の結果は自分で確認するのではなく，システムからの報告により知ることになります。この場合の理想は，ユーザは自分の要求を自分の言葉で述べるだけで，システムがユーザの要求を適切に解釈し，ユーザの望む結果に導くことです。

二つ目は，第二接面（物理世界の側）に注目し，システムから外的世界への入出力があたかもユーザ自身からの入出力であるかのように受け取られる場合で，それは「**道具型システム**」となります。ユーザはシステムと物理世界との情報の流れを完全に把握しています。このモデルでの行為者はユーザ自身であり，ユーザはシステムを介する行為の結果として物理世界がどのように変化し

たかを直接モニタしています。ユーザの意識からシステムの存在は消え去り，システムは透明性を獲得します。道具型システムを使うためには，ユーザはシステムに対する操作の方法を理解すると同時に，外的世界の状態を理解する方法も獲得しなければなりません。「わかる」システムであることが「使える」システムであるための重要な要件となります。

秘書型システムは「わからなくても使える」ことを目標にし，道具型システムは「わかるから使える」ことを理想としています。

〔3〕 **コンピュータはなぜ使いにくいか** コンピュータの前では，「人工物の背後にある実際に効果を受ける物理世界」という第二接面の概念がユーザには浮かびにくいことがその原因です。コンピュータでは，二つの接面を介して働きかける物理世界そのものが，コンピュータの内部に存在する，という特殊な状況にあるからです。

例えば，ワープロの初心者ユーザは，"文章の保存"を第一接面の操作手順として覚えるだけで，ハードディスクなどの記憶媒体にファイルを書き込むという，目に見えない物理世界の現象（第二接面）を観察できません。その結果，例えば「文書保存」と「別名で保存」の違いが理解できません。デスクトップメタファや直接操作インタフェースが使いやすいとされるのは，コンピュータ内部で生じている現象を，あたかも第二接面で起きている物理現象のように比喩的に表現した情報を，第一接面を通してユーザにうまく伝えているからなのです。

8.3.3 ユニバーサルデザイン（UD）

ユニバーサルデザイン（universal design，**UD**）とは，「人種，性別，年齢，身体的特徴などにかかわらず，できるだけ多くの人が利用可能であるように製品，建物，空間をデザインすること」と"広辞苑"に書かれています。

1980年代にメイス（Ronald Mace）が提唱した**「ユニバーサルデザイン7原則」**は，その後，あらゆる分野にUD設計の思想として広がっています。その7原則とは以下のとおりで，UDを理解するためにまとめられたものです。

8.3 人間中心設計 —使いやすいコンピュータシステムを設計する世界標準—

原則1　誰にでも公平に利用できる。
原則2　使う上で柔軟性に富む。
原則3　簡単で直感的に利用できる。
原則4　必要な情報が簡単に理解できる。
原則5　単純なミスが危険につながらない。
原則6　身体的な負担が少ない。
原則7　接近して使える寸法や空間になっている

　7原則は評価をするための尺度ではなく，また設計の中で7原則をすべて守る必要はありません。「使いにくい」となった場合，設計者は七つの原則からその要因を探って設計にフィードバックしたり，七つの原則の視点から使いやすさのバランスを調節したりするときに活用します。すべての人にとって使いやすい製品は存在しません。少しでも多くの人に，さらに使いやすくするために絶えず進化させることが，UDの心なのです。見た目だけでなく，構造なども含む広い意味でのトータルデザインが求められています（図 **8.14**）。

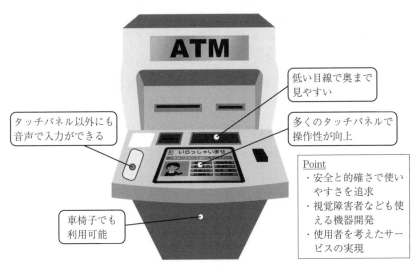

図 **8.14**　ユニバーサルデザインの活用例

8.4 人工知能と 2045 年問題（シンギュラリティ）
―人工知能が抱える問題―

「考えるとは計算することである。」というホッブス（Thomas Hobbs,「物体論」,1655 年）以来，"人間のような知的振舞いを機械に代行させたい"というのが人類の夢でした。紆余曲折はありましたが，近年のコンピュータ資源の質・量の拡大，大量の情報から学習するアルゴリズムの開発などを背景に，**人工知能**（artificial intelligence, **AI**）の性能が飛躍的に向上し，具体的な実用事例も出てきました。また，カーツワイルは，「AI が自らを規定しているプログラムを自身で改良するようになると，永続的に指数関数的な進化を遂げる。この結果，ある時点で人間の知能を超えて，それ以降の発明などはすべて人間ではなく AI が担うようになる。」という仮説を立て，2045 年にその特異点（**シンギュラリティ**, singularity）を迎えると予言しています（『The Singularity Is Near』, 2005 年）。

本書の最後は，人工知能と 2045 年問題（シンギュラリティ）について概説し，コンピュータの未来を考えるいくつかの論点を提示します。

〔1〕 **AI** AI とは，「学習・推論・判断といった人間の知能のもつ機能を備えたコンピュータシステム。」と"大辞林"にあります。人間のようになんにでも対応できる AI は未だありませんが，特定の分野では人間を凌駕する性能を獲得しています。

初期の AI は，人手でつくる「IF...THEN...」形式のルールを蓄積した知識ベースを用い，入力文を知識ベースのルールを用いて推論する単純なアルゴリズムでした[†]。近年の AI は，大量の情報を学習し，自動的にこのルールを獲得することが特徴です。

大量の情報をどうやって収集するか，それをどのように学習し適切なルール

[†] このルールを用いた"Logic Theorist"（1956 年）は，命題論理の定理証明を発見的探索によって行う，世界最初の実際に動く AI プログラムといわれています。

8.4 人工知能と2045年問題（シンギュラリティ）—人工知能が抱える問題—

を導き出すか，そのアルゴリズムがキーとなります．ここでは詳述しませんが，深層学習という学習アルゴリズムの発明が，近年のAIの急速な進展のきっかけとなりました．

　AIは四つの種類に分類されます．一つ目は，囲碁や将棋などの固定されたルールが存在する分野です．この分野では，コンピュータが人間を上回る成績を上げています．二つ目は，ロボットやAIスピーカなど，会話や自由なコミュニケーションのできるAIです．ロボットが犬の形をしていると，対話している人がそのロボットの背後にあたかも実在しているかのように虚焦点として犬を思い浮かべ，感情移入などが生まれることがあります．三つ目は，自動走行する車，国際宇宙ステーションのデクスターなどの産業ロボットや機械の自動化です．限られた条件の中で運用される産業用のロボットは広く実用化が進んでいますが，車が公道を安全に自動走行するためにはきわめて多くの例外処理が必要で，実用化までにはまだ多くの技術課題が残されています．最後の四つ目は医療診断，株式投資，法律関連などの専門家の高度な判断を支援するAIです．毎年生まれる数百万件の医学論文を，一人の医師が読むことは不可能でしょう．コンピュータならそれを読み込み，診断では理由を付けて複数の候補を提示することができます．

　これまでのAIは，記号処理をベースにした言語，画像（視覚），音声（聴覚）などが主要な対象でしたが，従来コンピュータが不得手であった，嗅覚や味覚，さらには感性などの分野におけるAIの応用についても，基礎研究が進められています．

〔2〕 **2045年問題**　"一つの重要な発明は，他の発明と結び付くことでつぎの重要な発明までの期間を短縮し，イノベーションを加速する"，という**「収穫加速の法則」**は，科学技術の指数関数的な進歩の予測に使われています†．カーツワイルはこの法則から，2045年にコンピュータの能力が人類を越える，と予測しました．それによって引き起こされるさまざまな問題のこと

---

† 2章で紹介した「ムーアの法則」（コンピュータの能力は18〜24箇月で2倍になる）もこれに当てはまります．

を,「2045年問題」と呼んでいます。すべての問題を提起することはできませんが,その中から考えていかなければならないいくつかの問題点について解説します。

AIが**IoT**(internet of things, さまざまな機器, 装置に情報通信機能が付加されることによって形成されるネットワーク)の中に組み込まれる, あるいはロボットという物理的身体の中に組み込まれると, 現実の物理的世界とのダイレクトな相互作用が増大します。あるものは私たちの生活に密着した場面で活用され, あるものは私たちの財産や健康, あるいは生命にまで重要な影響を与えるような状況で利用されることが考えられます。安全・安心を前提にし, 人間社会を豊かにするためのAIとはなにか, どのように使いこなすのか, について十分な議論が必要です。

例えば, AIの健全な発展を促進し, リスクを適切に管理する仕組みが求められます。そのようなことが適切に機能しなければAIは危険なテクノロジーとして忌避されて, その有益な発展が阻害される可能性もあるからです。テクノロジーの発展と, 法や制度などの社会システム, 価値観や倫理などの人間的なファクタができるだけ激しく衝突しないようにしていくことが重要です。

幸福, 快と苦, 公平さ, 正義, 道徳, 真正さ, 尊厳, 自律性, 権利, 平等, 共同体, 伝統などは, 社会の普遍性をもった価値と考えられます。したがってAIの倫理的問題とは, これらの価値がAIによって侵される危険性に関連しています。倫理的課題とは「人類全体の繁栄, 幸福を促進しつつ, 犠牲をできるだけ少なくする」ということに帰着します。

AIの特殊性を, カプラン(Jerry Kaplan)は「絶えまない自動化の進歩」といっています[†]。産業革命は単純な物理的労働を自動化しました。コンピュータ革命は単純な知的労働を自動化しました。現在のAI革命, ロボット革命, IoT革命においては, ますます複雑な物理的労働, 知的労働を自動化する方向

[†] 人間には見出すことのできない複雑で無数の特徴点や特徴量から, スーパーコンピュータを駆使して, 規則性・法則性を抽出してさまざまな仮説を立案し, それを自動的に検証するサイクルが回り出すと, 人間には不可能な次元の理論が多数生まれる(齋藤元章,「エクサスケールの衝撃」, 2014年)。

に向かっています。しかしこの新しい技術革命が意味することは，単に遂行できるタスクの複雑化・高度化だけではありません。一つにはパーソナライズされた選択の自動化が挙げられます。「機械的な作業」とは，決まったルールに従っていることであり，誰がやっても同じ結果になるということを意味しています。しかし現在，自動化が進行しているのはそのようないわゆる「機械的な作業」ばかりではありません。AIのネットワーク化は，私たちのあらゆる行動からデータを採集しています。そのことは個人にカスタマイズされた選択や意思決定を機械がサポートすることを可能にします。しかし，技術には（意図されたものであるか否かにかかわらず）一定のバイアスがあります。そのようなバイアスが不適切なもの（例えば不当な差別を反映したようなもの）である場合は当然問題となりますが，そうでない場合でも，バイアスの存在そのものが個人の意思決定の自律性という価値を脅かすものでありうる，ということに注意が必要です。

スーパーコンピュータのさらなる進歩と高度化したAI技術が融合すると，予測できない技術革新がもたらされます。安心して安全に使え，人間社会を豊かにする技術はどうあるべきか，技術を創る人であるからこそつねに考えなければならない課題です。

8章の参考文献：
1) 今井崇雅：ファーストステップ　マルチメディア，近代科学社（2017）
2) 廣瀬通孝：いずれ老いていく僕たちを100年活躍させるための先端VRガイド，星海社（2016）
3) 田村　博　編：ヒューマンインタフェース，オーム社（1998）
4) 広瀬洋子，関根千佳：情報社会のユニバーサルデザイン，放送大学教育振興会（2014）
5) 人工知能学会 監修，松尾　豊 編著：人工知能とは，近代科学社（2016）
6) 齊藤元章：エクサスケールの衝撃，PHP研究所（2014）

索引

【あ】

アクセスポイント　　　　130
アセンブリ言語　　　　30, 94
アダプタ　　　　　　　　130
アナログ　　　　　　　　 84
アプリケーション層　　　138
アプリケーションプログ
　ラム　　　　　　　　　114
アラン・ケイ　　　　　　 31
アルゴリズム　　　　　　 99
アルゴリズム工学　　　　104
アルファ碁　　　　　　4, 12

【い】

イーサネット　　　　　　128
位置透過　　　　　　　　117
インターネット　　　　　132
インターネット層　　　　137
インターネットプロトコル
　　　　　　　　　　　　134
インタプリタ　　　　91, 94
インタラクション　　　　158
インフラストラクチャ　　122
韻律モデル　　　　　　　153

【う】

ウェアラブルコンピュータ
　　　　　　　　　　　　164
腕時計型WC　　　　　　164

【え】

演算装置　　　　　　　　 25
エントロピー　　　　　　 84

【お】

オブジェクトコード　　　 94
オブジェクト指向モデル　 96
オペレーティングシステム
　　　　　　　　　34, 110
音声合成　　　　　　　　153
音声コーパス　　　　　　153
オンラインリアルタイム
　処理　　　　　　　　　126

【か】

階差機関　　　　　　　　 8
回路記号　　　　　　　　 55
可逆型符号化方式　　　　 88
拡張現実感　　　　　　　162
仮数部　　　　　　　　　 77
仮想現実感　　　　　　　159
可搬性　　　　　　　　　 94
感覚モダリティ　　　　　157
関数型モデル　　　　　　 95

【き】

偽　　　　　　　　　　　 39
木　　　　　　　　　　　106
機械語　　　　　　　　　 93
記号論理学　　　　　　　 38
基　数　　　　　　　　　 62
基数の補数　　　　　　　 71
基数変換　　　　　　　　 65
基本3構造　　　　　　　101
基本データ型　　　　　　105
キャラクタユーザインタ
　フェース　　　　　　　 31
キュー　　　　　　　　　107

【く】

組合せ回路　　　　　　　 57
クライアント/サーバシス
　テム　　　　　　　　　127
クラウドOS　　　　　　117
クラウドプロバイダ　　　117
グラフ　　　　　　　　　107
グラフィカルユーザインタ
　フェース　　　　　　　 31
クロード・シャノン　　9, 39

【け】

計算可能性　　　　　　　103
計算量理論　　　　　　　102
形式言語　　　　　　　　 91
形式言語理論　　　　　　 91
減基数の補数　　　　　　 72
原子命題　　　　　　　　 42

【こ】

光学的文字読取り装置　　155
高水準言語　　　　　　　 94
構造化言語　　　　　　　101
構造化チャート　　　　　101
構造化プログラミング　　100
構造化文　　　　　　　　101
構造体　　　　　　　　　106
構造データ型　　　　　　105
高能率符号化　　　　　　148
コーパスベース音声合成
　　　　　　　　　　　　153
コンパイラ　　　　　91, 94
コンピュータ　　　　　　 1
　──の5大機能　　　　 28

コンピュータアーキテクチャ 32	スタック 107	ディープブルー 3, 12
コンピュータウイルス 144	スーパーコンピュータ 12, 35	データ型 105
コンピュータ科学 1	スマートフォン 125	データグローブ 160, 161
コンピュータグラフィックス 3	スループット 112	データ構造 99, 105
		手続き型モデル 95

【さ】

【せ】

【と】

サブネットアドレス 138	正確さ 103	等価問題 103
サブネットマスク 139	制御装置 25	道具型システム 171
サブネットワーク 138	セキュリティホール 145	トップダウンアプローチ 100
サンプリング定理 86	ゼロックスアルト 31	ドメイン名 136
指数部 77	全加算器 58	トラッキング技術 160
		トランジスタ 29

【し】

【そ】

	双対性 45	トランスポート層 137
システムアーキテクチャ 33	ソースコード 94	トランスレータ 91, 94
システムコール 112	ソフトウェア 34	
シースルー型 HMD 162		**【な】**
自然言語 90	**【た】**	名前解決 136
収穫加速の法則 175	第三世代 125	名前形式 135
集積回路 29	ダイナブック 31	ナローバンド 143
主記憶装置 25	タイムシェアリングシステム 126	
出力装置 25		**【に】**
循環小数 64	ダグラス・エンゲルバート 31	二重インタフェースモデル 169
順序回路 57	タブレット端末 125	入力装置 25
状態遷移図 17	ターンアラウンドタイム 112	人間工学 167
情　報 14	段階的詳細法 100	人間中心設計 166
情報技術 1		
情報工学 1, 14	**【ち】**	**【ね】**
情報量 82, 82	チャールズ・バベッジ 8	ネットワークインタフェース層 136
情報理論 82	中央処理装置 25	ネットワークトポロジー 128
ジョージ・ブール 9	チューリングマシン 9, 16	
ジョン・スカリー 32		**【の】**
ジョン・フォン・ノイマン 10	**【つ】**	ノイマン型コンピュータ 10, 24
真 39	通信プロトコル 133	
シンギュラリティ 13, 174	ツリー 106	
人工言語 90		**【は】**
人工知能 12, 174	**【て】**	倍精度 77
真理値表 40	ディジタル 84	排他的論理和 55
	ディジタルコンピュータ 9	バイト 64, 81
【す】	停止問題 103	
スター型 128		

ハイパーテキスト	140	プロバイダ	133	モデル駆動開発	92
ハイパーリンク	140	分散 OS	117	モバイル型 AR	163
配列	106	分散型通信システム	133	問題向きデータ構造	105
パケット	131	分散処理システム	127		
パケット通信	131			【ゆ】	
バス型	128	【へ】		ユニバーサルデザイン	172
パーソナルコンピュータ	31, 114	平均情報量	84	ユニバーサルデザイン 7 原則	172
バッチ処理/リモートバッチ処理	126	ヘッダ情報	128		
		ヘッドマウントディスプレイ	159	【ら, り】	
ハードウェア	34			ライスの問題	103
半加算器	58	【ほ】		リアルタイム OS	116
万能チューリングマシン	21	補助記憶装置	25	離散コサイン変換	150
		補数表現	71	リスト	106
【ひ】		ホスト	138	リストバンド型 WC	164
非可逆型符号化方式	89	ホストアドレス	139	量子化	84, 86
光タイプ	143	没入感	160	量子化誤差	86
秘書型システム	171			量子化ノイズ	87
ビット	81	【ま】		量子コンピュータ	37
ヒューマンインタフェース	167	マルウェア	144	リング型	128
		マルチコアプロセッサ	36		
ヒューマンコンピュータインタラクション	167	マルチメディアインタフェース	158	【る, れ】	
				ルートサーバ	136
標本化	84, 85	マルチメディア情報	158	レイヤ 1	137
		マルチモーダル	158	レイヤ 2	137
【ふ】		マルチモーダルインタラクション	158	レイヤ 3	137
				レイヤ 4	138
負荷分散	117	マルチモーダルコミュニケーション	158	レスポンスタイム	112
複合現実感	159				
複合命題	43			【ろ】	
複雑性	103	【む】		論理演算	40
符号化	84, 87	ムーアの法則	29	論理回路	44, 47
符号化処理	88	無線 LAN	130	論理型モデル	96
符号部	77			論理結合子	43
浮動小数点	71	【め】		論理積	43
浮動小数点表示	77	命題	39	論理代数	42
プラットフォーム	121	命題論理	42	論理否定	43
ブール代数	9, 44	眼鏡型 WC	164	論理変数	44
プログラミング言語	90	メモリ	25	論理和	43
プログラム可変内蔵方式	24				
ブロードキャスト	128	【も】		【わ】	
プロトコル階層	136				
ブロードバンド	143	文字コード	80	ワイファイ	130

索引

【A〜C】

ADSL タイプ	143
AI	12, 174, 174
AND 回路	50
AP	114
API	111
AR	162
ARPAnet	133
ASCII コード	80
BASIC	30
CATV タイプ	143
CG	3
COBOL	30
CPU	25
CSMA/CD 方式	128
CUI	4, 31, 114
C 言語	30

【D〜G】

DCT	150
DNS	136
EDSAC	11
EDVAC	11
ENIAC	10, 21
FORTRAN	30, 94
FTP	138
FTTH	143
GUI	5, 31, 114

【H】

HCD	166
HCI	167
HI	167
HMD	159, 160
HTML	141
HTTP	138, 141
https	141
Huffman 符号化	89, 149

【I】

IC	29
ID 情報	128
IEEE 754	79
IoT	176
IPv4	135
IPv6	135
IP アドレス	135
IP 電話	144
ISDN	124
IT	1

【J】

JavaVM	119
Java 仮想マシン	119
Java バイトコード	119
JPEG	150
JUNET	133

【L〜N】

LAN	128
LTE	125
MAC アドレス	128
N^2 型	104
NAND 回路	51
NOR 回路	51
NOT-AND 回路	51
NOT-OR 回路	51
NOT 演算	48
NOT 回路	50
N 進数	61

【O〜T】

OCR	155
OR 回路	50
OS	4, 34, 110
OSI 基本参照モデル	133
PC	31, 114
PPP	137
RGB 形式	150
Run-Length 符号化	89, 152
SMTP	138
TCP	138
TCP/IP	135
TSS	126

【U, V】

UD	172
UDP	138
UIMS	113
UNIVAC1	11
UNIX	118
URL	140, 141
VoIP	144
VoIP アダプタ	144
VR	159

【W】

WC	164
W-CDMA	125
Web	139
Web ブラウザ	141
Wi-Fi	130
world wide web	139
WWW	139

【X, Y】

Xerox Alto	31
XNOR	57
XOR	55
YCbCr 形式	150

【数字】

10 進数	61, 62
10 進法	61
16 進数	62, 64
2045 年問題	13, 176
2^N 型	104
2 進数	61, 62
3G	125
5G	126
4 ビット	77
8 進数	62, 64

―― 著者略歴 ――

米村　俊一（よねむら　しゅんいち）
1985年　新潟大学大学院修士課程修了
　　　　（電気工学専攻）
1985年　日本電信電話株式会社勤務
2008年　博士（学術）（早稲田大学）
2012年　芝浦工業大学教授
　　　　現在に至る

徳永　幸生（とくなが　ゆきお）
1973年　東京工業大学大学院修士課程修了
　　　　（化学工学専攻）
1973年　日本電信電話株式会社勤務
1984年　工学博士（東京工業大学）
1999年　芝浦工業大学教授
2013年　芝浦工業大学名誉教授

コンピュータ科学序説
―コンピュータは魔法の箱ではありません―そのからくり教えます―
Introduction to Computer Science　　　ⓒ Shunichi Yonemura, Yukio Tokunaga 2019

2019年4月5日　初版第1刷発行　　　　　　　　　　　　　　　　　　★

検印省略	著　者　米　村　俊　一 　　　　徳　永　幸　生 発行者　株式会社　コロナ社 　　　　代表者　牛来真也 印刷所　三美印刷株式会社 製本所　有限会社　愛千製本所

112–0011　東京都文京区千石 4–46–10
発行所　株式会社　コロナ社
CORONA PUBLISHING CO., LTD.
Tokyo Japan
振替 00140-8-14844・電話(03)3941-3131(代)
ホームページ　http://www.coronasha.co.jp

ISBN 978–4–339–02892–8　C3055　Printed in Japan　　　　　（金）

JCOPY　<出版者著作権管理機構　委託出版物>
本書の無断複製は著作権法上での例外を除き禁じられています。複製される場合は，そのつど事前に，出版者著作権管理機構（電話 03-5244-5088，FAX 03-5244-5089, e-mail: info@jcopy.or.jp）の許諾を得てください。

本書のコピー，スキャン，デジタル化等の無断複製・転載は著作権法上での例外を除き禁じられています。購入者以外の第三者による本書の電子データ化及び電子書籍化は，いかなる場合も認めていません。
落丁・乱丁はお取替えいたします。